PAS DE DEUX

Alan Lightman

PAS DE DEUX

Essais sur les sciences

Traduit de l'anglais (USA)
par Sophie Brunet

Éditions Balland
33, rue Saint-André-des-Arts
75006 Paris

Titre original : *Dance for Two*

Édité par Pantheon Books, New York, USA.1996.

Pour Jean, Elyse et Kara

INTRODUCTION

Les vingt-quatre essais de ce recueil ont été choisis parmi mes publications des quinze dernières années ; tous ont eu une vie antérieure dans des magazines et dans d'autres recueils. Ce sont ceux dont la relecture m'a le plus satisfait et qui me semblent avoir quelque chance de durée. Avec le temps, j'ai fini par comprendre les trois plaisirs de l'écriture. Il y a d'abord, en lui-même, le délicieux bonheur d'écrire, lorsqu'on est tout à fait seul ; ensuite celui, plus social, de toucher ses lecteurs ; enfin celui, bien plus tardif et derechef solitaire, de relire la fraction de ses écrits qui vaut la peine d'être conservée, d'en être de nouveau surpris et reconnaissant. Pour l'essentiel, écrire est une profession égoïste et égocentrique. Et l'essai, comme l'a remarqué E.B. White, est sans doute la forme la plus égoïste de toutes. L'écrivain y étale ses pensées et ses aventures personnelles comme si chacun de ses éternuements et chacune de ses petites observations présentaient un intérêt général.

L'idée de mon premier essai me vint alors que j'étais

installé dans un confortable fauteuil à oreillettes, fumant la pipe de mon arrière-grand-père et inhalant les antiques arômes qui y dormaient depuis longtemps. Comme je l'explique dans « Le voyage dans le temps et la pipe de Papa Joe », cette pipe créa une sorte d'intimité avec mon aïeul, mort avant ma naissance, et m'incita à réfléchir sur le voyage dans le temps. Plus important, elle revivifia mes rapports avec mon père. C'était, lui aussi, un fumeur de pipe et un taciturne. Pendant des années, je n'avais jamais su ce qu'il pensait, s'il était heureux ou malheureux. Mais, quand je commençai mes études universitaires, il se mit à m'offrir de temps en temps une de ses pipes en me racontant brièvement son histoire. Un jour, il me donna une Kaywoodie brun clair de l'époque de la Seconde Guerre mondiale et me dit qu'il la fumait en arpentant son navire avant les attaques. La vieille pipe de bruyère de mon arrière-grand-père, avec ses étranges inscriptions, était restée dans son tiroir des années durant avant qu'il ne m'en fasse cadeau, sans commentaire. Puis, quelques jours plus tard, il m'envoya une étonnante photo de lui enfant avec Papa Joe, tous deux seuls, se tenant par la main devant une vieille maison en bois. Mon père portait des culottes courtes et Papa Joe, avec son chapeau sur la tête et sa moustache, était tel que je l'avais imaginé d'après les arômes de sa pipe. J'écrivis mon essai et l'expédiai à mon père. Alors, miraculeusement, nous commençâmes vraiment à nous parler. Bien parti pour devenir aussi taciturne que lui, je découvrais que, par l'écriture, je pouvais m'ouvrir et toucher ceux que j'aimais.

Ce premier essai (ainsi qu'un deuxième) parut dans le *Smithsonian.* Puis j'eus pendant longtemps ma colonne mensuelle dans l'excellent *Science 80*, aujourd'hui disparu ; j'écrivis dans d'autres revues quand celle-là cessa de paraître au milieu des années 80. L'entrée dans le monde des périodiques dégrise l'écrivain débutant, souvent si épris de ses griffonnages qu'il garde chaque mot en mémoire : des phrases et parfois des paragraphes entiers sont biffés par le rédacteur en chef pour faire de la place à l'article suivant ou même, simplement, à un dessin humoristique inséré dans la page. Malgré ces affronts, l'écrivain continue à écrire une fois qu'il a commencé, sous l'effet d'un besoin tyrannique, insatiable.

Dès mes débuts, je me retrouvai en train d'écrire sur la science, ma première passion et ma profession, parfois sur ses résultats, plus souvent sur le fond humain et fantasque qui constitue son vécu. Elle incarnait à mes yeux l'expression la plus rigoureuse et la plus extrême de l'ordre dans le monde physique. Pourtant, ce désir d'ordre – et, souvent, les moyens de l'affirmer – était humain, cohabitait curieusement avec les émotions et les libres élans du monde humain. Où ces deux mondes se rencontraient-ils ? Mon intérêt pour ce thème était d'ailleurs stimulé par ce que j'avais appris en observant mes collègues : les scientifiques font souvent leurs plus grandes découvertes en certains instants où ils suivent leur intuition plutôt que leurs équations. En d'autres termes, lorsqu'ils se comportent le moins « scientifiquement ». Ce secret, mieux connu des historiens que des physiciens, devint le fil conducteur de mes articles.

Plus ça allait, plus j'étais fasciné par la tension créatrice entre la science et l'art, la raison et l'instinct. Soupçonnant qu'il y avait beaucoup d'instinct dans la science et de rationalité dans l'art, je demandai à mes amis et collègues s'ils pensaient en images ou en équations, jusqu'à quel point ils utilisaient des critères esthétiques dans leurs travaux, s'ils croyaient aux métaphores. À ceux de mes amis qui étaient des artistes, je demandais comment leur venaient leurs idées, comment s'organisait un tableau, pourquoi telle touche de couleur était placée ici plutôt qu'ailleurs. J'en revenais à l'affirmation provocante d'Einstein : aucun cheminement logique ne conduit aux lois de la nature, ces lois ne sont accessibles qu'à l'intuition et aux « libres inventions de l'esprit ». Un savant pouvait-il inventer le monde comme un artiste ? Et pourtant n'y avait-il pas un monde extérieur à nos esprits ? Des hommes avaient marché sur la lune et ils étaient revenus. Quel monde était le vrai ?

Un jour, tandis que je me posais ces questions, j'emmenai pour la première fois ma fille, âgée de deux ans, au bord de l'océan. C'était une douce journée de juin, légèrement brumeuse. Nous garâmes la voiture à près d'un kilomètre du rivage et poursuivîmes à pied. Une carapace de crabe rose tacheté, dans le sable, attira son attention. Une centaine de mètres plus loin, nous entendîmes le déferlement des vagues, leur succession rythmée et je vis qu'elle se demandait avec intérêt d'où pouvait provenir ce son. Je la soulevai, l'installai sur mon bras et, de ma main libre, désignai la mer. Le regard de ma fille suivit mon geste, traversa la plage et se perdit dans l'immensité bleu-vert de l'océan. Un instant, elle hésita. Je ne savais pas si ce premier aperçu de l'infini allait l'intriguer ou l'effrayer. Puis elle eut un sourire radieux. Je n'avais besoin de rien lui dire, de rien lui expliquer.

L'essai convient bien à mon identité ambigüe, entre scientifique et écrivain. C'est un genre généreux, capable d'accueillir le philosophe, le professeur, le polémiste, le conteur, le poète. Tout ce qu'il faut, c'est une idée initiale, une disposition à traiter le sujet sous un angle personnel (et souvent à parler de soi), et assez de discipline pour savoir conclure avant que l'article ne devienne un livre. Écrire sur la science pose des problèmes particuliers : la plupart des gens ont envie qu'on leur parle des gens ou, au moins, de ce qui s'y relie. Or la science, on le sait bien, traite le plus souvent de l'inanimé et de sujets fort éloignés de la vie quotidienne. À cet égard, un essai sur la médecine ou la psychologie a plus de chances intrinsèques de séduire qu'un essai sur la chimie ou la physique. On doit introduire l'humain dans les écrits scientifiques comme M. K.Fisher le fait dans ses articles culinaires. Quel est le nombre idéal de convives à un dîner et pourquoi ? Qu'en est-il de la drôle de moustache du garçon qui a servi Miss Fisher dans certain petit restaurant de Dordogne ? Lorsqu'elle en vient enfin à la nourriture, qui a ses propres charmes, elle nous a déjà mis en appétit.

Dans plusieurs des essais qui suivent, la science n'est qu'un tremplin vers le domaine plus incertain du comportement humain. La moitié d'entre eux ou presque tiennent de la parabole, de la fable ou de la fiction.

Au-delà de son thème spécifique, chacun exige une approche neuve, pour le divertissement de l'auteur autant que pour celui du lecteur. Une idée d'essai, comme une idée de nouvelle, marche ou ne marche pas et, dans ce dernier cas, on doit être impitoyable : au panier ! J'espère avoir jeté tout ce que je devais.

PAS DE DEUX

Dans une douce lumière bleue, la ballerine glisse à travers la scène et s'envole, ses orteils ne touchant qu'imperceptiblement la Terre. *Saut, batterie, saut.* Les jambes se croisent et battent, les bras se déplient en une arche ouverte. La ballerine sait que la meilleure façon de gâcher une belle exécution, c'est de trop penser à ce que fait son corps. Mieux vaut se fier aux années d'exercices journaliers, à sa compréhension musculaire de la force et de l'équilibre.

Tandis qu'elle danse, la nature lui donne la réplique irréprochablement, avec une sûreté absolue. Sur la *pointe,* son poids est exactement compensé par la poussée du plancher contre son chausson : les molécules, à son contact, se sont comprimées juste ce qu'il fallait pour opposer à cette force une force égale. La gravité équilibrée par l'électricité.

Une ligne invisible partie du centre de la Terre passe par le point d'appui de la ballerine et monte. Si son centre à elle s'en écartait d'un centimètre, le moment de torsion de la gravité la ferait tomber. Elle ignore tout de la mécanique, mais elle peut se tenir sur les pointes pendant plusieurs minutes, son corps effectuant sans cesse les infimes corrections qui révèlent une connaissance intime des moments de torsion et de l'inertie.

La gravité a la propriété élégante de tout accélérer également. C'est ainsi que les astronautes se retrouvent en apesanteur : décrivant autour de la Terre exactement la même trajectoire que leurs vaisseaux spatiaux, ils semblent flotter à l'intérieur. Einstein avait compris cela mieux que personne et sa théorie de la gravitation tient de la géométrie plus que de la physique, décrit des courbes plus que des forces. La danseuse, qui vient de bondir avec légèreté se retrouve un instant en apesanteur par rapport aux fleurs qu'elle a jetées tandis qu'elle était dans les airs : elle et les fleurs suivent en retombant la même trajectoire.

À présent, elle se prépare pour une *pirouette*, ramenant sa jambe droite en quatrième position, prenant son élan sur un seul pied, les bras intervenant pour accélérer la rotation. Elle peut maintenir son équilibre pendant quatre tours. Les danseurs, sur leur *demi-pointe*, disposent d'une zone de contact plus étendue et peuvent ainsi aller jusqu'à six ou huit tours. Elle se replace bien, rendant doucement sa pirouette à la terre, et n'oublie pas de sourire en se campant en cinquième position. Brièvement, ses pieds s'immobilisent, le tournoiement et le frottement contre le plancher s'annulant. Ce frottement a un rôle essentiel. Tout corps persiste dans le repos ou dans un mouvement uniforme s'il n'est pas soumis à des forces extérieures. Toute action exige une réaction.

La ballerine compte sur la constance des lois de la physique, bien qu'elle soit elle-même un peu imprévisible. Au cours de la même représentation, la veille au soir, elle n'a effectué que trois tours et demi lors de sa première *pirouette* et s'est ensuite lancée dans l'*arabesque* à près d'un mètre de l'endroit où elle l'aborde aujourd'hui. En dépit de ces variations, les atomes du plancher, où qu'elle les touche, doivent être prêts à répondre au millième de seconde avec exactitude et fidélité. Les lois de Newton, la force de Coulomb et la charge des électrons doivent être identiques soir après soir, sans quoi elle jugerait mal de la résistance du plancher et de l'instant d'inertie qui lui est nécessaire. Son art est plus beau dans son incertitude. L'art de la nature y apporte sa certitude.

La ballerine prend, l'une après l'autre, des poses fragiles et symétriques. Dans la physique des solides, on trouve des structures cristallines qui paraissent semblables après des rotations d'un demi, d'un tiers, d'un quart ou d'un sixième de cercle. Il n'existe pas de cristaux présentant des symétries après des rotations d'un cinquième ou d'un septième parce qu'on ne peut remplir l'espace avec des pentagones ou des heptagones contigus. La ballerine reproduit une série de formes naturelles. Elle est d'abord éthérée puis lyrique. Elle s'est efforcée pendant des années d'élaborer son style personnel, avec des emprunts aux danseuses étoile qui l'ont précédée. Elle danse et la nature, dans le miroir, lui répond sans effort dans son propre style : la perfection d'une technique classique, inchangée depuis la naissance de l'univers.

Pour terminer, la ballerine exécute un *demi-plié* et un bond de près d'un mètre en hauteur. La Terre, compensant cette impulsion, réplique par son propre *saut* et modifie son orbite de dix trillionièmes du diamètre d'un atome. Personne ne s'en aperçoit, mais c'est exactement ainsi que ça se passe.

UN ÉCLAIR AVEUGLANT

C'est au cours de ma première année de faculté que j'ai commencé à m'intéresser sérieusement à la physique. Au réfectoire, cette année-là, un étudiant du second cycle avait affirmé avec suffisance qu'il pouvait, en se fondant sur les seules lois de la mécanique, dire où frapper une boule de billard pour qu'elle roule sans un glissement. Très impressionné, je décidai qu'il valait la peine d'y regarder de plus près.

Je l'ignorais encore à l'époque, mais les scientifiques se répartissent d'ordinaire en deux camps, les théoriciens et les expérimentateurs. Les abstraits et les bidouilleurs. Dans les sciences physiques, notamment, cette distinction est très vite repérable. J'ai observé par la suite qu'outre leur talent pour les manipulations de laboratoire, les expérimentateurs (surtout mâles) savent tout réparer à la maison, comprennent ce qui se passe sous le capot d'une voiture, et exercent une séduction particulière sur le sexe opposé. Les théoriciens s'en tiennent à leurs propres dons, aiment méditer pendant des heures sur une feuille de papier quasi vierge et discuter de problèmes d'échecs à table. À un moment de sa vie universitaire, le savant en herbe commence à pencher d'un côté ou de l'autre. Dès lors, les jeux sont pratiquement faits.

Mon destin se décida dès ma première année. Pour une raison ou une autre, le département de physique s'était persuadé que ses étudiants devaient acquérir une connaissance pratique de leur discipline. Aussi nous encouragea-t-on vivement à entrer, à l'automne, dans un atelier d'électronique hors programme. La plupart de mes collègues sautèrent sur l'occasion. Surtout ceux qui se sentaient mal à l'aise dans les travaux universitaires et qu'on entendait marmonner sardoniquement : « On va voir qui sont les vrais hommes. » (La faculté ignorait la mixité, à l'époque.) Je pressentais des ennuis, mais je n'avais pas l'habitude de me dégonfler. Je m'enrôlai.

Les travaux de cet atelier différaient considérablement des exercices de routine associés à la plupart des cours. Dans ces derniers, on passait son temps à faire des mesures tout en sachant bougrement bien quelle était la réponse correcte. Je me rappelle ainsi une expérience censée déterminer la vitesse de la lumière. Le matériel comprenait deux miroirs, dont l'un restait fixe tandis que l'autre tournait rapidement. La lumière, qui faisait de l'un à l'autre un voyage circulaire, était légèrement infléchie au retour par la rotation du miroir mobile et, de l'angle de déflexion, on pouvait déduire sa vitesse. Bien entendu, on pouvait également s'en informer en consultant tel ou tel livre. Si la valeur qu'on venait de mesurer s'écartait du chiffre prévu, on n'avait qu'à bousculer un peu les miroirs et faire un nouvel essai. En persévérant, on finissait par arriver au résultat qu'on savait devoir obtenir. Il ne restait plus, alors, qu'à décrire soigneusement l'expérience, à déclarer qu'elle avait réussi, et à quitter le labo pour courir vers d'autres exploits.

Mais le projet électronique, c'était autre chose. Chacun de nous se vit remettre tout un assortiment de transistors, de condensateurs et autres bricoles, une description de ce que le bidule à construire devait *faire* et se retrouva livré à lui-même. Mon gadget à moi devait, si je m'en souviens bien, s'éclairer pendant plusieurs secondes en présence de sons purs au-dessus du *do* de serrure et se tenir tranquille le reste du temps. (Pour qu'il se tienne tranquille, je n'avais pas de problème.) Afin de nous aider à démarrer, on nous remit un manuel intitulé *L'A.B.C. de l'électronique à l'usage des scientifiques* où je vis aussitôt un allié et un ami, que j'emportai partout pendant des mois et dans lequel je me plongeai jusque tard dans la nuit, au détriment de mon sommeil et de celui de mon compagnon de chambre.

Les deux mois suivants furent pénibles. Je découvris que ce qui marchait dans mon livre ne marchait pas nécessairement au labo, du moins sous ma conduite. À cet égard, je restais loin de mes camarades. Quand ils fixaient la ligne onduleuse de l'oscilloscope, celle-ci leur parlait et ils voyaient exactement comment monter leurs circuits pour arriver à leurs fins. Je tenais absolument à réussir. Hélas, il me manquait le tour de main. Je pouvais écrire de la poésie, jouer *Au Clair de la lune* au piano et j'adorais parler d'idées. Mais je ne pouvais pas faire marcher les machins.

Un jour de ce trimestre-là, grâce à une curieuse erreur de la poste, je reçus un dépliant vantant un cours d'électronique par correspondance. En temps normal, il aurait été droit au panier. Mais cette fois, j'eus l'impression que la providence me faisait signe. J'emportai le papier dans ma chambre, discrètement, et me mis à lire. La première page affirmait en substance que, sans entraînement préalable ni dons particuliers, vous seriez en mesure au bout de six semaines de concevoir des circuits opérationnels, de réparer des postes de télévision et de vous imposer dans l'industrie électronique. Il y avait quelques exemples de diagrammes, des photos d'appareils d'allure robuste et des remerciements chaleureux de diplômés triomphants. Ce qui me retint, ce fut l'assurance que, pendant le cours, vous pouviez envoyer les plans détaillés d'un projet électronique de votre cru et savoir promptement et précisément si l'engin fonctionnerait ou non. Ce dernier point était formellement garanti. Je n'avais pas tellement envie de réparer des téléviseurs, mais cette occasion d'obtenir des avis d'expert sur mes vasouillages électroniques n'était pas à dédaigner.

Je m'inscrivis au cours sans attendre. Il en coûtait 200 dollars, et on devait acheter soi-même les pièces (mais, à cet égard, j'étais paré). Je prévoyais d'expédier en cachette une série de dessins intermédiaires pour mon projet universitaire, jusqu'à ce que l'un d'entre eux reçoive une approbation autorisée. Je pourrais alors faire allègrement mon entrée au labo et monter l'appareil sans coup férir. Pendant ce temps, mes camarades poursuivaient quotidiennement leurs essais, testant laborieusement chaque étape des projets qui leur avaient été assignés. J'avais tâté de cette méthode et j'avais échoué. À présent – quel soulagement ! – j'allais subir en secret les défaites préliminaires sans me ridiculiser devant les autres.

Enfin l'un de mes projets fut accepté. Je passai les quelques jours qui nous séparaient de la date limite à travailler tranquillement au labo, soudant chaque pièce à la place prévue. Mes camarades observaient ma progression miraculeuse dans un silence respectueux. Nous étions tous égaux et je rayonnais de satisfaction. Cependant, je ne me sentis pas le courage de soumettre mon appareil à un test de fonctionnement.

Les projets terminés furent présentés un jour de décembre à un membre hautement qualifié de la faculté, le professeur Pollock. Un homme laconique mais juste. Il était partiellement chauve, autant que je m'en souvienne, portait des verres épais et gardait d'ordinaire la tête baissée. Si quelque chose que nous avions fait ou dit l'amusait, il levait brièvement les yeux et souriait largement, sans émettre le moindre son ni bouger la tête. Pollock savait s'y prendre avec les appareils. Il avait de grandes mains. Il avait construit des cyclotrons.

Ce jour-là au labo, projets et étudiants étaient au garde-à-vous comme des chiens et leurs maîtres dans un concours canin. Quand vint mon tour de présenter ma bête, je lui jouai une note – au-dessus ou au-dessous du do, j'ai oublié – et j'obtins en réponse un éclair unique, aveuglant, suivi de l'odeur trop reconnaissable d'un court-circuit. C'était parti comme un coup de fusil et j'avais instinctivement plongé pour m'abriter. Par miracle personne ne fut blessé. Pollock garda le sourire plus longtemps que d'habitude.

L'été suivant, Armstrong et Aldrin marchèrent sur la lune. En les regardant chez moi à la télévision, je pensai avec un immense respect aux pièces qui avaient fonctionné pour les amener là : le moteur-fusée, les ordinateurs, les scaphandres spatiaux. Et j'étais rempli d'admiration pour les gens qui étaient derrière tout cela, des gens habiles de leurs mains. Pollock en faisait peut-être partie et, sans doute, les plus adroits de mes condisciples travailleraient-ils à l'avenir sur des projets similaires. Mais, me dis-je aussi, il fallait des théoriciens comme moi pour s'assurer que la lune serait bien au rendez-vous des cosmonautes. Il y a les abstraits et il y a les bidouilleurs. Je n'étais pas mécontent d'avoir trouvé ma place.

SOURIRE

C'est un samedi de mars. L'homme se réveille lentement, étend le bras pour tâter la vitre de la fenêtre et, la trouvant tiède, décide qu'il peut se passer de son maillot de corps en thermolactyl. Il bâille, s'habille et sort faire son footing matinal. Au retour, il prend une douche, se prépare un œuf brouillé et s'installe sur le canapé avec les *Essais* d'E. B. White. Vers midi, il enfourche son vélo pour se rendre à la librairie. Il y passe deux bonnes heures à fouiner dans les rayons. Puis il retraverse à vélo la petite ville, dépasse sa propre maison, continue vers le lac.

En s'éveillant, ce même matin, la femme a été droit de son lit à son chevalet, où elle a pris ses pastels pour travailler à son tableau. Au bout d'une heure, satisfaite du rendu de la lumière, elle s'arrête pour prendre son petit déjeuner. Elle s'habille rapidement et se rend à pied à un magasin voisin acheter des stores pour sa salle de bains. Au magasin, elle rencontre des amis et déjeune en leur compagnie. Ensuite, souhaitant être seule, elle prend sa voiture et roule jusqu'au lac.

Maintenant, l'homme et la femme sont à l'embarcadère en bois, contemplant l'étendue d'eau devant eux, et les vagues. Ils ne se sont pas aperçus.

L'homme se détourne. Et c'est alors que commence la suite d'événements qui vont l'informer de sa présence à elle. La lumière réfléchie par le corps féminin pénètre instantanément ses pupilles à lui, au rythme de dix trillions de particules par seconde. Une fois passée la pupille, elle franchit dans chaque œil une lentille biconvexe, puis une substance transparente, gélatineuse, qui emplit le reste du globe oculaire pour aboutir à la rétine où elle est recueillie par cent millions de cellules en formes de cônes et de bâtonnets.

Les cellules placées sur le trajet des zones claires de la scène reflétée reçoivent beaucoup de lumière, celles qui tombent dans les zones d'ombre en reçoivent très peu. Les lèvres de la femme, par exemple, brillent en cet instant précis dans un rayon de soleil, renvoyant une lumière de forte intensité vers un tout petit groupe de cellules situé légèrement au nord-est du centre arrière de la rétine. Les commissures des lèvres, en revanche, sont plutôt sombres, si bien que les cellules qui jouxtent ce groupe nord-est reçoivent beaucoup moins de lumière.

Chaque particule lumineuse termine son voyage au fond de l'œil en rencontrant une molécule de rétinène, comprenant 20 atomes de carbone, 28 atomes d'hydrogène et 1 atome d'oxygène. Au repos, chaque molécule de rétinène est liée à une molécule de protéine et décrit une spire entre le onzième et le quinzième atome de carbone. Mais quand la lumière la frappe, ce qui arrive en ce moment à environ trente mille trillions de ses semblables par seconde, elle se raidit et se sépare de sa protéine. Après plusieurs étapes intermédiaires, elle reforme sa spire, prête à accueillir une nouvelle particule de lumière. Depuis que l'homme a aperçu la femme, il s'est écoulé bien moins d'un millième de seconde.

Actionnées par la danse des molécules de rétinène, les cellules nerveuses, ou neurones, réagissent. D'abord dans l'œil puis dans le cerveau. Prenons un neurone au hasard, à l'instant où il entre en action. Les molécules de protéine à sa surface changent soudain de forme, bloquant le flux des atomes de sodium à charge positive et l'isolant du fluide corporel environnant. Ce changement dans le flux d'atomes chargés d'électricité entraîne un changement de voltage qui se propage par vibration à travers la cellule. Ayant parcouru quelques millimètres, le signal électrique atteint l'extrémité du neurone, modifiant la libération de molécules spécifiques qui vont, au bout de quelques vingt-cinq centièmes de millimètre, rencontrer le neurone suivant, transmettant les nouvelles.

La femme réelle a les mains sur les hanches et incline la tête à un angle de cinq degrés et demi. Ses cheveux dénoués retombent juste à hauteur d'épaule. Cette information et beaucoup, beaucoup d'autres sont encodées avec précision sous forme d'impulsions électriques dans les divers neurones des yeux de l'homme.

Quelques millièmes de seconde encore, et les signaux électriques atteignent les ganglions nerveux où les neurones se réunissent dans le nerf optique à l'arrière de l'œil. Ils vont transmettre les données au cerveau. Là, les impulsions s'élancent vers le cortex visuel primaire, un tissu plié et replié sur une épaisseur de deux millimètres et demi, de cinquante millimètres carrés de surface, contenant cent millions de neurones répartis sur une demi-douzaine de couches. La quatrième couche est la première à entrer les données, dont elle effectue une première analyse avant de transférer l'information aux neurones des autres couches. À chaque étape, un neurone peut recevoir les signaux d'un millier d'autres neurones, combiner ces signaux – dont quelques-uns s'annulent – et dispatcher vers un autre millier de neurones le résultat de ses calculs.

Au bout d'une trentaine de secondes – après que plusieurs centaines de trillions de particules de lumière reflétée ont pénétré dans les yeux de l'homme et y ont été traitées – la femme dit : « Salut. » Aussitôt, des molécules d'air sont pressées les unes contre les autres, écartées, pressées de nouveau, à partir de ses cordes vocales à elle jusqu'à atteindre, dans un mouvement de ressort, ses oreilles à lui. Le son couvre ce trajet (six mètres) en un cinquantième de seconde.

Dans chaque oreille, l'air mis en vibration touche très vite le tympan. Le tympan, membrane de forme presque circulaire, d'environ soixante-quinze millimètres de diamètre, inclinée à un angle de cinquante-cinq degrés par rapport au plancher du conduit auditif, entre à son tour en vibration et transmet son mouvement à trois minuscules osselets. De là, les vibrations mettent en branle un fluide à l'intérieur de la cochlée, dite aussi le limaçon, qui s'enroule en spirale sur deux tours et demi.

C'est là que va s'opérer le décodage des sons : une très fine membrane ondule au même rythme que le fluide cochléaire et cette membrane basilaire est traversée de menus filaments d'épaisseur inégale, comparables aux cordes d'une harpe. La voix de la femme, à distance, joue de cette harpe. Son « salut » commence dans les graves et s'achève dans l'aigu. Répondant avec précision, les filaments les plus épais de la membrane basilaire sont les premiers à vibrer, suivis par les plus ténus. Finalement, des dizaines de milliers de corps oblongs posés sur la membrane basilaire transmettent leurs propres frémissements au nerf auditif.

Des nouvelles du « salut » lancé par la femme, traduites en signaux électriques, parcourent les neurones du nerf auditif et entrent dans le cerveau de l'homme par le thalamus, dans une région spécialisée du cortex où elles seront traitées. En fin de compte, une importante fraction du trillion de neurones que contient le cerveau de l'homme entre en jeu pour combiner les données visuelles et auditives fraîchement acquises. Des portes de sodium et de potassium s'ouvrent et se ferment. Des courants électriques courent au long des fibres neuronales. Des molécules passent d'une extrémité nerveuse à la suivante.

Tout cela, on le sait. Ce qu'on ne sait pas, c'est pourquoi, au bout d'une minute à peu près, l'homme s'avance vers la femme et lui sourit.

LA TERRE EST-ELLE RONDE OU PLATE ?

J'ose affirmer que très peu d'entre nous ont personnellement vérifié que la Terre est ronde. Le globe évocateur qui trône au salon ou les photos prises d'Apollo ne comptent pas. Ce sont des preuves de seconde main qui pourraient être aisément rejetées par un tribunal. Si on y réfléchit, la plupart d'entre nous croient tout bonnement ce qu'on leur dit. Ronde ou plate, comme il vous plaira. Ce n'est pas une question de vie ou de mort, sauf si on vit tout près du bord.

Il y a quelques années, je me suis avisé avec consternation que je ne savais pas avec certitude si la Terre était ronde ou plate. J'ai, parmi mes collègues scientifiques, des spécialistes de ce qu'on appelle la géodésie. Ils ont comme tâche exclusive de déterminer en détail la forme de la Terre en appliquant des formules mathématiques aux mesures effectuées *par d'autres* sur l'emplacement exact de sites-témoins à la surface de la Terre. À mon avis, ils ne savent pas non plus ce qu'il en est.

Aristote a été le premier dans l'histoire officielle à avoir prouvé que la Terre est ronde. Il a avancé plusieurs arguments différents, très vraisemblablement parce qu'il ne se contentait pas de sa propre conviction mais tenait aussi à convaincre les autres. Et des tas de gens ont cru pendant dix-neuf siècles tout ce qu'Aristote avait dit.

Sa première preuve était la suivante : pendant une éclipse de lune, l'ombre de la Terre est toujours courbe, en arc de cercle. Tout autre corps qu'une sphère projetterait, sous certains angles, une ombre qui ne serait pas circulaire. (Le fait que les phases normales de la lune soient en forme de croissant montre que la lune est ronde.) Je trouve cet argument merveilleusement séduisant. Il est simple et direct. Mieux encore, un observateur méfiant peut refaire l'expérience lui-même, sans avoir besoin d'un équipement particulier. De n'importe quel point de la Terre, on peut voir une éclipse de lune à peu près une fois par an. Il suffit de choisir la bonne nuit pour lever les yeux et regarder attentivement ce qui se passe. Je ne l'ai jamais fait.

La seconde preuve d'Aristote, c'est que les étoiles se lèvent et se couchent plus tôt pour les gens de l'est que pour ceux de l'ouest. Si la Terre était plate de l'est jusqu'à l'ouest, les étoiles se lèveraient pour les Occidentaux en même temps que pour les Orientaux. Quelques rapides calculs sur papier suffisent à déduire de ces observations le fait que la Terre est ronde, sans qu'on puisse dire par ailleurs si c'est elle qui tourne sur elle-même ou les étoiles qui tournent autour d'elle. Enfin, des voyageurs marchant vers le nord voient apparaître à l'horizon, face à eux, des étoiles auparavant invisibles, ce qui prouve que la Terre s'incurve du nord au sud. Bien entendu, vous devez vous fier aux témoignages d'un certain nombre d'amis placés en divers endroits ou entreprendre la randonnée vous-même.

Le dernier argument d'Aristote était purement théorique et même philosophique. Si la Terre avait été formée d'éléments plus petits, dans un passé indéterminé (ou simplement si cette possibilité existait), ces éléments tomberaient vers un centre commun, constituant ainsi une sphère. De plus la sphère est évidemment la forme la plus parfaite pour un solide. On notera qu'Aristote insistait autant sur ce troisième argument que sur les deux premiers. À cette époque, antérieure à notre moderne « méthode scientifique », la recherche n'était pas soumise au contrôle de l'observation.

Si nous admettons pour l'instant que la Terre est ronde, le premier à avoir correctement mesuré sa circonférence est Ératosthène (276-196 av. J.C.). Ératosthène avait remarqué qu'au premier jour de l'été, la lumière du soleil frappait le fond d'un puits vertical à Syène (aujourd'hui Assouan), en Egypte, ce qui indiquait que le soleil était situé juste au-dessus. Au même moment, à Alexandrie, distante de 5.000 stades, le soleil faisait avec la verticale un angle égal à 1/50e de cercle. (Un stade faisait environ 180 mètres.) Le soleil est si éloigné que ses rayons nous arrivent presque parallèles. Si on trace un cercle et deux demi-droites qui, parties de son centre, traversent sa circonférence (à laquelle elles sont localement perpendiculaires), on constate qu'un rayon de soleil parallèle à la première perpendiculaire (à Syène) fait avec la seconde (à Alexandrie) un angle égal à celui qu'elles forment à leur origine, au centre du cercle. Érathostène en conclut donc que le pourtour de la Terre est de 50 x 5.000 stades, soit près de 45.000 kms. Ce résultat s'écarte de moins de 1 pour cent de la meilleure évaluation moderne.

Pendant six cents ans au moins, les gens cultivés ont cru que la Terre était ronde. Dans presque toutes les universités médiévales, le quadrivium, qui constituait le parcours normal, comprenait l'arithmétique, la géométrie, la musique et l'astronomie. L'enseignement de l'astronomie se basait sur le *Tractatus de Sphaera Mundi*, un manuel populaire publié pour la première fois en 1472 à Ferrare, en Italie, écrit au XIIIe siècle par Johannes de Sacrobosco, un astronome et mathématicien formé à Oxford. Pour étayer ses assertions sur l'astronomie, le *Sphaera* présente notamment un ensemble de diagrammes articulés illustrant la deuxième preuve d'Aristote. La Terre ronde, centre évident de l'univers, constitue le pivot fixe sur lequel repose l'ensemble. Les images découpées du soleil, de la lune et des étoiles tournent autour d'elle.

En 1500, on comptait vingt-quatre éditions du *Sphaera*. À coup sûr, beaucoup de gens *croyaient* que la Terre était ronde. Je me demande combien d'entre eux le *savaient*. On pourrait penser que Colomb et Magellan auraient voulu s'en assurer par eux-mêmes avant de mettre les voiles.

Pour préserver mon honneur de scientifique, censé ne rien accepter sans examen, j'ai entrepris avec ma femme une croisière dans les îles grecques. Je m'étais dit qu'en mer je serais en mesure d'observer tranquillement la disparition des reliefs à l'horizon et de me convaincre ainsi *de visu* de la rotondité de la Terre.

On aurait pu difficilement trouver mieux que la Grèce pour mener à bien cette expérience, me semblait-il. Je sentais que les grands penseurs de l'Antiquité me regardaient d'un bon œil, et la disposition des lieux est idéale. Hydra culmine à une soixantaine de mètres au-dessus du niveau de la mer. Si la Terre a un rayon de plus de 6.400 kilomètres comme on le prétend, Hydra devrait donner l'impression de sombrer à l'horizon à une distance de moins de 75 kilomètres, inférieure à la distance que notre bateau devait couvrir pour aller d'Hydra à Kea. En théorie, c'était solide et rassurant. Et nous aurions en tout cas, pensais-je, d'agréables vacances.

En définitive, c'est tout ce que nous avons eu. Pas un jour sans brume. Impossible de voir les îles à plus de douze kilomètres, alors que le rivage était encore à deux degrés au-dessus de l'horizon. J'ai su combien il y avait de vapeur d'eau dans l'air, mais je n'ai rien appris sur la courbure de la Terre.

Je nous soupçonne d'accepter pas mal de choses par ouï-dire, même des choses importantes, même celles que nous pourrions vérifier sans nous donner beaucoup de mal. Le gaz que nous expirons est-il le même que celui que nous aspirons ? (Brûlons-nous vraiment de l'oxygène dans notre métabolisme, comme on le dit ?) De quoi notre sang est-il fait ? (Est-ce qu'il comprend vraiment des « globules » rouges et blancs ?) Pour répondre à ces questions, il suffirait d'un ballon, d'une bougie et d'un microscope.

Quand nous nous décidons à faire l'expérience, nous savourons le plaisir de la connaissance. Nous avons tous, un jour ou l'autre, appris quelque chose par nous-même, à la base, sans croire personne sur parole. Il y a une satisfaction, une joie particulières à expliquer à quelqu'un une observation qu'on a menée de bout en bout, quelque chose qu'on sait vraiment. À mon avis, ce bonheur-là est un des premiers moteurs de la recherche scientifique.

Un jour prochain, je vais me mettre à l'affût de l'ombre de la Terre pendant une éclipse de lune, ou je prendrai la mer par temps sec pour savoir à coup sûr si la Terre est ronde ou plate. En fait, il paraît qu'elle est aplatie aux pôles à cause de sa rotation. Mais ceci est une autre histoire.

SI LES OISEAUX PEUVENT VOLER, POURQUOI PAS MOI, POURQUOI PAS MOI ?

Les aptitudes physiques des humains sont sévèrement limitées par les lois naturelles, et rien ne l'illustre mieux que notre incapacité à voler, quelque énergie et quelque patience que nous mettions à battre des bras. Mais le problème, ici, ne se réduit pas au manque d'ailes. Donnez à un faisan la taille d'un homme et il tombera comme une pierre. Ou prenez Icare. Dans l'image très plausible qu'en donne le livre de mythologie de mon enfance, chacune de ses ailes d'emprunt a la même taille que lui en longueur et le quart de sa taille en largeur, ce qui évoque les proportions gracieuses de l'hirondelle. Malheureusement, pour voler avec ces ailes-là, le pauvre garçon aurait dû dépenser en battant des bras l'énergie d'un cheval-vapeur et demi, quatre fois le rendement maximum d'un athlète fournissant un effort soutenu. Icare et Dédale étaient certes prêts à aller jusqu'au bout de leurs forces pour s'évader de Crète par la voie des airs mais, pour la plupart, nous préférerions disposer d'un meilleur équipement.

Le poids, la forme et la puissance disponible jouent tous un rôle dans la science du vol. Commençons par la nécessité la plus évidente : une force ascensionnelle doit contrebalancer le poids de l'animal. Cette force est fournie par l'air. L'air a un poids et, au niveau de la mer, il exerce une poussée égale dans toutes les directions avec une pression d'un peu plus d'un kilo au centimètre carré. Pour réussir à s'élever, un animal doit arriver à réduire la pression atmosphérique sur sa surface supérieure : la différence de pression résultante engendre une poussée vers le haut. Les oiseaux et les avions y parviennent grâce à la forme adaptée de leurs ailes et à leur mouvement en avant. La courbure et le bord de fuite de l'aile obligent l'air à s'écouler plus vite sur la face supérieure que sur la face inférieure. La poussée ascensionnelle ainsi créée est proportionnelle à la densité de l'air et au carré de la vitesse du déplacement en avant : c'est une loi fondamentale de la physique qui dérive du principe de conservation de l'énergie. Ainsi, chaque fois que la vitesse double, la poussée ascensionnelle quadruple. Pas de mouvement, pas de différence de pression. Par ailleurs, les oiseaux ne pourraient pas voler sur la lune, où la densité de l'air est proche de zéro. (En raison de la gravité réduite sur la lune, les êtres vivants pourraient, en revanche, sauter six fois plus haut que sur terre, ce qui pourrait constituer une heureuse compensation.)

Une fois obtenue une poussée ascensionnelle de tant de grammes au centimètre carré, on devra disposer d'une surface d'ailes suffisante. Par exemple, une poussée ascensionnelle de 0,70 grammes au centimètre carré (obtenue en volant à environ cinquante-six kilomètres à l'heure) s'exerçant sur une surface de près de vingt-six mètres carrés d'envergure fournira une force ascensionnelle de 1,8 kilo, suffisante pour maintenir en l'air un oiseau de poids moyen. Ici, on a le choix : la force de poussée nécessaire peut être obtenue avec une envergure plus réduite si l'oiseau augmente sa vitesse, et vice versa. Les diverses espèces jouent de l'une ou l'autre option en fonction de leurs besoins particuliers. Le grand héron bleu, par exemple, a de longues pattes graciles pour patauger dans l'eau et doit voler lentement pour ne pas risquer de les briser lorsqu'il atterrit. Par conséquent, il a des ailes relativement grandes. Les faisans, pour leur part, évoluent dans les sous-bois où ils s'empêtreraient s'ils étaient bâtis comme lui. Pour tenir l'air avec leurs ailes relativement courtes et ramassées, ils volent vite. D'après les chiffres communiqués au téléphone par un naturaliste obligeant qui avait chez lui les deux oiseaux, un grand héron bleu pèse environ trois kilos, avec une voilure de près de cinquante-deux mètres carrés, alors qu'un faisan commun a un poids triple par rapport à son envergure. Cependant, le faisan vole gaillardement à plus de quatre-vingt kilomètres à l'heure, deux fois plus vite que le héron.

Il n'est pas facile de comprendre comment un oiseau peut se propulser en avant sans hélices. Ce mystère a été éclairci au début du XIXe siècle par Sir George Cayley, père de l'aviation moderne. (Léonard de Vinci a passé des années à étudier l'art du vol et il se peut qu'il ait découvert le mode de propulsion des oiseaux, mais ses notes ont été retrouvées il y a une centaine d'années seulement et, comme d'autres travaux de Léonard, l'étude était restée inachevée. Bien qu'il ait, s'il faut en croire la légende, lancé un de ses élèves du haut du mont Cecere dans une machine volante qui s'est très vite écrasée au sol.) Les oiseaux, en fait, ont leurs hélices à eux : des plumes spécialement adaptées vers le bord extérieur de leurs ailes. Ces plumes, appelées rémiges, changent d'orientation et de position à chaque battement. Quand l'aile s'abaisse, elles bougent vers le bas et vers l'avant ; quand elle se relève, elles bougent vers le haut et vers l'arrière. Agissant suivant les mêmes principes physiques que l'ensemble de l'aile, les rémiges engendrent une poussée vers l'avant plutôt que vers le haut.

Le vol, comme les autres activités physiques, entraîne une dépense d'énergie. Sans friction, un oiseau qui aurait atteint son altitude de vol et déterminé sa direction n'aurait plus qu'à se laisser glisser indéfiniment sans le moindre effort musculaire. C'est la résistance de l'air qui l'oblige à tous ces battements d'ailes, avec la dépense d'énergie qu'ils impliquent. Variant en fonction de la conception aérodynamique, cette force de résistance représente environ un vingtième de la force ascensionnelle. Pour la neutraliser, un héron en vitesse de croisière doit, bon gré mal gré, consommer en énergie un cinquantième de cheval-vapeur, abandonnant au passage ses calories sous forme de poches d'air remué. Des oiseaux plus lourds de la même taille doivent mettre en œuvre encore plus de puissance pour chaque livre supplémentaire. Quadruplez les dimensions d'un oiseau sans rien changer à ses proportions, et son poids ainsi que son volume seront multipliés par 64, tandis que l'énergie nécessaire pour voler sera multipliée par 128. La seule façon de tourner cette loi est de changer de forme. Si, par exemple, le volume (et le poids) restant identiques, on quadruple l'envergure, la puissance nécessaire au vol est réduite de moitié. Dans leurs grandes migrations, les oiseaux économisent de l'énergie en volant en formation aérienne, chaque suiveur profitant partiellement du courant d'air ascensionnel créé par celui qui le précède, et en se relayant les uns les autres aux places de tête. Mais, pour le vol en solitaire, la forme et le poids déterminent inexorablement l'énergie qui sera nécessaire. Telles sont les exigences vitales de l'aviation.

Si nous nous tournons à présent vers la biologie, nous constatons qu'à poids égal les êtres vivants sont très inférieurs, dans la production d'énergie utile, aux moteurs à combustion interne. Le rendement maximum en puissance mécanique qu'un être humain est capable de maintenir représente environ les deux centièmes de celui d'un moteur du même poids. Pour un rendement de douze chevaux-vapeurs, celui du petit moteur qui équipait en 1903 l'avion des frères Wright, la biologie doit faire appel à un éléphant.

Le désavantage qu'impliquent, pour les êtres vivants, de telles limitations, s'atténue néanmoins avec leur taille. Un animal plus léger a davantage de puissance disponible au kilo qu'un autre plus lourd. Commençons par le cheval : un cheval-vapeur pour deux cent quatre kilos. Réduisons maintenant le poids. On a découvert que, lorsque celui-ci diminue de cinquante pour cent, la réduction de la force de travail correspondante n'est que de quarante pour cent. Lorsqu'on descend au-dessous d'une trentaine de grammes, on s'aperçoit que quatre mille souris, qui pèsent ensemble le poids d'un homme, disposent de neuf fois plus de puissance que lui. Dérangeant peut-être, mais prévisible. À la différence des moteurs et des machines en général, les muscles des animaux génèrent plus de chaleur que de travail utile. Étant donné que cette production de chaleur ne peut se poursuivre à un rythme plus rapide que celui dont l'animal a besoin pour se refroidir et que ce refroidissement s'opère généralement par la surface de la peau, sa production conjointe de chaleur et de puissance mécanique est grosso modo proportionnelle à sa surface. Le rapport entre le rendement énergétique et le poids est donc proche du rapport entre surface et volume. Un calcul mathématique élémentaire montre que, plus les objets sont petits, plus leur surface est importante par rapport à leur volume. (Les animaux minuscules ont leurs propres handicaps comme, par exemple, l'obligation de se nourrir à longueur de journée, mais ceci est une autre histoire.)

Sachant que la puissance nécessaire au vol croît plus vite avec l'augmentation du poids que la puissance généralement disponible, sauf spectaculaire changement de forme, les créatures les plus légères disposent d'un avantage indiscutable pour voler. La nature semble tenir compte de ce conflit entre physique et biologie. Bien que les oiseaux pratiquent le vol depuis cent millions d'années, le plus lourd d'entre eux qui soit réellement capable de voler, la grande outarde, dépasse rarement quatorze kilos et demi. Les oiseaux de plus grande taille capables de planer, comme les vautours, utilisent la poussée des colonnes d'air chaud et n'ont à véhiculer qu'une partie de leur poids. Avec ses cent trente-six kilos, l'autruche ne quitte jamais le sol, ayant apparemment choisi pour se défendre la masse plutôt que l'envol.

N'ayant jamais vu dans les airs un oiseau de quatre-vingt kilos, l'industriel britannique Henry Kremer a dû penser qu'il n'aurait pas à débourser son argent de sitôt lorsque, en 1959, il a offert un prix de 5 000 livres sterling à qui réaliserait un dispositif de vol à propulsion humaine. En 1973, après de nombreux essais sérieux mais infructueux présentés par l'Angleterre, le Japon, l'Australie et l'Allemagne, le montant du prix Kremer a été augmenté, atteignant l'équivalent de 86 000 dollars. Selon un règlement très strict, défini par la Royal Aeronautical Society d'Angleterre, le gagnant devait décrire un huit englobant deux pylones distants de huit cents mètres, sans jamais toucher terre, et passer la ligne de départ et la ligne d'arrivée en étant à trois mètres au moins au-dessus du sol. Et c'est, bien entendu, le pilote humain qui devait fournir l'énergie.

Le 23 août 1977, à Shafter, en Californie, un jeune homme athlétique grimpait dans un vaisseau fragile et disgracieux, baptisé *Le Condor de gaze*, fixait ses pieds à ce qui ressemblait fort à des pédales de vélo reliées à une hélice, et remportait le prix. Le vol avait duré environ sept minutes et demie.

Ce qu'avait fait Paul MacCready, l'inventeur de l'engin, c'était de créer une structure extraordinairement légère d'une énorme envergure. Afin qu'elle pèse le moins possible, l'aile était faite d'un maillage de mylar sur des traverses d'aluminium, avec des cordes de piano pour la tension et du bristol pour le bord avant. L'ensemble, fuselage compris, faisait moins de trente-deux kilos. Ajoutons-y les soixante et un kilos de Bryan Allen. Allen mesurait un peu plus d'un mètre quatre-vingt ; chacune de ses ailes était longue de plus de vingt-neuf mètres et large de trois mètres. Jamais mère nature ne conçut de créature volante aussi monstrueusement disproportionnée. Pour prendre des comparaisons numériques, le rapport entre la surface des ailes et celle du reste du corps est d'un peu plus de un chez le faisan, de cinq chez le héron, de treize chez la grande outarde. Chez le *Condor de gaze*, il est de quatre-vingt-dix.

De diverses manières, les humains ont réussi à tourner les difficultés de l'aviation, il y a longtemps, à Kitty Hawk. Et l'invention du moteur à explosion est encore plus ancienne. Mais, dans nos rêves, quand nous planons dans les airs pour échapper à un danger ou simplement pour le plaisir de l'exercice, nous volons comme les oiseaux, par nos propres forces. Nous avons quelque mal à nous imaginer affublés d'ailes de trente mètres mais, si nous voulons vraiment voler comme des oiseaux, c'est ce que la nature exige.

ÉTUDIANTS ET PROFESSEURS

À l'automne 1934, un an après avoir passé son doctorat, John Archibald Wheeler partit pour Copenhague étudier avec Niels Bohr, le grand physicien atomiste. Dans son Institut de physique théorique qui ressemblait à une maison particulière, au 15 Blegdamsvej, Bohr avait créé une « école » où, quotidiennement stimulés par de brillants séminaires et des idées originales et dérageantes, les penseurs à l'esprit lent risquaient de perdre pied. Parmi les étudiants qui avaient persisté, on trouvait Félix Bloch, Max Delbrück, Linus Pauling, Harold Ley, tous futurs prix Nobel comme leur maître. Arrivant à l'institut à bicyclette un beau matin, Wheeler remarqua un ouvrier occupé à arracher la vigne vierge qui avait envahi le stuc gris de la façade. En y regardant de plus près, il s'aperçut que c'était Bohr en personne, « fidèle à son approche ordinaire, modeste mais directe, des problèmes ». Telle fut son initiation.

Par Wheeler, je suis, comme étudiant, un arrière-petit-fils de Bohr. J'avais oublié ce fait jusqu'à une visite récente au peintre Paul Ingbretson dans son atelier de Boston. Il commença par retracer sa généalogie pédagogique : élève de R. H. Ives Gammel, lui-même élève de William Paxton, élève du peintre académique Jean-Léon Gérôme. Dans le monde artistique, on dit généralement que le temps des maîtres et des apprentis a pris fin il y a deux siècles, que la méthode classique de formation, rigoureuse et approfondie, s'est perdue sauf pour une poignée de peintres. Ingbretson, trente-deux ans, est du nombre. Il cultive la technique, le style et la sagesse qu'il a reçus de ses maîtres et fait de son mieux pour les transmettre à ses élèves des ateliers de Fenway où Paxton a travaillé de 1905 à 1914. Ce qu'il a appris de Gammel et de Paxton ne peut être décrit avec des mots. Il est lui-même une peinture en action, habitée par leurs visions et leurs coups de pinceau. Dans les sciences, on fait moins de cas de l'héritage personnel, partant de l'idée que l'objectivité nue survit aux questions de style. On voit rarement un scientifique faire état de son lignage pédagogique. Pourtant, sans un bon maître, un étudiant pourrait lire une pile de manuels assez haute pour atteindre la lune sans pour autant savoir s'y prendre. Qu'y a-t-il donc, à notre époque d'accumulation et de traitement massifs de l'information, qu'on ne puisse apprendre dans les livres ?

« Cligne des yeux, cligne des yeux », conseillait Ingbretson à un de ses élèves. Quand on garde les yeux plissés en étudiant le sujet, les détails mineurs s'effacent, ne laissant subsister que l'essentiel, les lumières et les ombres dominantes. Avec leurs chevalets, leurs feuilles et leurs fusains, les étudiants étaient groupés autour d'un buste de marbre classique, éclairé par des verrières qui montaient jusqu'au plafond de l'atelier, à cinq mètres de haut. « Apprendre à voir, tout est là », disait Ingbretson. « Apprendre à voir », avait souvent répété Gammel. Cette expression caractérise bien la peinture d'après nature pratiquée au début du XIXe siècle par l'école de Boston, et qui combine la rigueur du style académique et l'impressionnisme.

Wheeler, aujourd'hui âgé de quatre-vingt-cinq ans, avait sa propre méthode pour apprendre à voir et l'avait enseignée à mon professeur Kip Thorne. « Si vous avez du mal à penser clairement, figurez-vous que vous programmez un ordinateur pour résoudre votre problème. Quand vous aurez automatisé pas à pas le raisonnement nécessaire, vous pourrez vous passer de l'ordinateur. » Parfois, cette manière d'explorer un problème débouche sur une contradiction imprévue et, là, il y a de quoi s'amuser. Wheeler adore enseigner la physique en termes de paradoxes, habitude qu'il tient de Bohr. Dans les années 20 et les années 30 – quand la mécanique quantique était dans l'enfance et que les physiciens assimilaient lentement le fait déconcertant qu'un électron se comporte à la fois comme une particule localisable et comme une onde qui s'étend en une multitude de points à la fois – Bohr réalisa que des points de vue apparemment inconciliables pouvaient être également indispensables pour comprendre tel ou tel phénomène. Un étudiant ne trouve pas ce mode de pensée dans les livres. Wheeler décrit la méthode d'explication coutumière de son maître comme une partie de tennis en solitaire, chaque frappe de balle représentant, par rapport aux résultats déjà acquis, une objection vigoureuse, soulevée par une expérience ou une théorie nouvelle. Après chaque coup, Bohr se ruait de l'autre côté du filet assez vite pour renvoyer sa propre balle. « Pas de progrès sans paradoxe. » Le pire qui pût arriver quand un visiteur se présentait au séminaire, était l'absence de surprise. Bohr n'avait plus qu'à prononcer ces mots redoutés : « C'était intéressant. »

Je tourniquais, dans le capharnaüm de l'atelier d'Ingbretson, autour d'une nature morte bizarrement disposée : une assiette de porcelaine à la verticale ornée d'un motif en diagonale, une coupe, une boîte d'allumettes, quelques fleurs séchées. Sur un chevalet proche se trouvait une version saisissante, réalisée par un des disciples les plus avancés d'Ingbretson, de la pâle nature morte que je contemplais. Elle s'en inspirait indiscutablement et, pourtant, elle était, d'une certaine façon, plus intéressante. Quand je retrouvai, poursuivant mon circuit, l'angle de vue précis de ce dessin, les objets posés sur la table semblèrent soudain, de manière étonnante, bondir vers moi. « Certains artistes, me dit Ingbretson, vont passer des heures à remanier la disposition d'une nature morte avant de trouver le groupement et l'angle de vue qui conviennent. Qu'on regarde du mauvais côté et on n'aperçoit que du bric-à-brac. Parfois, la réalité ne suffit pas. Je travaillais un jour à une nature morte dans la classe de Gammel, et nous avions méticuleusement choisi et disposé les objets à l'avance. Quand j'ai eu terminé, Gammel a regardé pendant plusieurs minutes ce que j'avais fait et m'a dit ensuite d'ajouter en coin une babiole qui n'avait jamais existé. Il s'est avéré qu'il avait raison. »

Des étudiants en science de troisième cycle, faute d'un maître de thèse avisé pour les piloter, ont vainement tourné en rond pendant des années en quête d'un bon projet. De temps à autre, on voit arriver la candidature d'un étudiant du Tiers-Monde qui voudrait trouver un poste de chercheur à l'étranger, on se rend compte qu'il est très compétent en mathématiques, qu'il a épluché les revues équation par équation, mais ses professeurs sont restés à l'écart du courant principal de la recherche et il n'a aucune idée des projets sur lesquels il vaut la peine de travailler. Le prix Nobel soviétique de physique Lev Landau avait consigné dans un carnet la liste d'une trentaine de problèmes importants restés sans solution, qu'il montrait à ses étudiants quand et si ils avaient réussi à passer un barrage de tests familièrement surnommé : « Le Landau minimum. » Souvent, les projets scientifiques intéressants ne sont pas plus difficiles que ceux qui sont sans intérêt. L'intérêt de ceux qui figuraient dans le carnet de Landau était garanti.

Un étudiant pouvait toujours savoir ce qui passionnait Thorne : affichés dans le couloir qui menait à son bureau, s'alignaient les paris en bonne et due forme qu'il avait faits avec d'autres éminents scientifiques. « Kip Steven Thorne soutient contre S. Chandrasekhar que les trous noirs en rotation s'avéreront être stables. K. S. T. parie un abonnement d'un an au *Listener*, S.C. un abonnement d'un an à *Playboy.* » Et ainsi de suite. Thorne, un costaud à la barbe rousse, restait tranquillement dans son bureau, remplissant des pages d'équations, tandis que les étudiants qui passaient dans le couloir tombaient en arrêt devant ces paris et s'enfiévraient.

Beethoven, Czerny et Liszt ; Socrate, Platon et Aristote ; Verrochio et Léonard ; Pouchkine et Barychnikov. Pendant que nous nous tenions dans son atelier, Ingbretson traversa la pièce pour dire à une élève qui venait de réussir en une heure à tracer trois lignes peu convaincantes de tout reprendre à zéro. Son propre maître avait été très exigeant avec ses étudiants et ne craignait pas de leur infliger une petite humiliation si cela leur permettait d'avancer. Un jour où le jeune Ingbretson contemplait son œuvre avec fatuité, Gammel, un homme chauve et ratatiné à la tête de bouledogue, qui ne faisait guère plus d'un mètre cinquante, le prit par le petit doigt, le conduisit à l'autre bout de l'atelier vers un pot de peinture blanche, lui trempa le doigt dedans, le ramena à sa toile et lui appliqua le doigt dessus en un point stratégique. « Là, dit-il, maintenant tu as ton rehaut. » Hans Krebs, prix Nobel 1953 de médecine et physiologie, élève du Nobel Otto Warburg, lui-même élève du Nobel Emil Fischer, a écrit que les savants distingués enseignent avant tout « un haut niveau de recherche. Nous mesurons tout, y compris nous-mêmes, par comparaison et, en l'absence de quelqu'un d'exceptionnellement doué, nous risquons d'être satisfaits de nous-mêmes à bon compte... Des médiocres peuvent se croire grands (et sembler tels à d'autres) dans un milieu mesquin. Suivant la même règle, les grands se sentent des nains s'ils fréquentent des géants, ce qui leur est bien utile... Quand je me demande comment j'ai pu me trouver un jour à Stockholm, je sais, sans le moindre doute que je dois cette chance au fait d'avoir eu un professeur hors du commun à une étape décisive de ma carrière scientifique ».

Des règles et des fils à plomb font régulièrement leur apparition dans l'atelier d'Ingbretson. Le fil à plomb, comme son nom l'indique, est un fil auquel est attaché un poids, soumis à l'attraction terrestre. Lorsqu'il pend librement, il indique infailliblement la verticale. Les règles et les fils à plomb constituent des outils inestimables pour saisir les proportions et les angles avec exactitude. Cette ancienne tradition des experts en dessin a été transmise par Gammel, qui l'avait reçue de Paxton. Les portraits de Paxton sont d'une précision fabuleuse, avec un réalisme et une sensualité dont aucune photo n'approche. De Paxton, Gammel a écrit : « Son acuité visuelle incomparable, alliée à une grande maîtrise technique, lui ont permis de rendre ses impressions avec une véracité extraordinaire. »

Une des élèves d'Ingbretson se débattait avec ses angles en dessinant le buste de marbre. Les lignes s'en allaient de guingois, s'égaraient. Le vénérable fil à plomb ne jouait plus son rôle. « Hé, remarqua-t-il, ta feuille est de travers. »

Un véritable apprentissage du dessin exige des échanges constants entre maître et élève. Lorsqu'on a maîtrisé la technique, on doit alors décider de ce qu'on mettra en valeur sur la toile. Cette combinaison délicate de méthode formelle et de sensibilité personnelle évoque l'équilibre entre rigueur mathématique et intuition que requiert la recherche scientifique. Thorne estime que le sens de cet équilibre est l'une des plus précieuses leçons qu'il ait reçues de Wheeler. « Bien des chercheurs avancent comme des escargots parce qu'ils sont trop mathématiciens et ne savent pas penser en termes de physique. Et vice versa pour ceux qui négligent leurs maths. » Considérez, par exemple, une description quantitative de billes roulant sur un plancher qui a des trous. Vous essayez d'en tirer une équation qui dira à quel rythme le nombre des billes va décroître. Pour vérifier cette équation, il existe un procédé bien utile : réduire le diamètre des trous, ce qui doit normalement vous donner un résultat selon lequel aucune bille n'est perdue. Sinon, votre équation est incorrecte. L'idée de cette vérification ne vous viendra naturellement à l'esprit que si vous vous êtes représenté physiquement les billes roulant ça et là et tombant, l'une après l'autre, dans les trous. Correcte ou incorrecte, l'équation elle-même se contentera de vous renvoyer votre regard en vous présentant un méli-mélo inexpressif de ses zones de conservation et de non-conservation des billes.

De forte carrure, Niels Bohr avait été, en son temps, un as du football. Il était également aimable et faisait ses remarques pénétrantes d'une voix douce. Il avait beaucoup d'idées sur lesquelles il n'essayait jamais d'affirmer ses droits d'auteur. Il en a été de même pour son étudiant John Wheeler, qui a introduit sans fracas dans la physique nombre d'idées fécondes et qui a joué un rôle important mais peu connu de conseil pour la société DuPont pendant le Manhattan Project. On peut hériter d'un style personnel. Elève de Wheeler, Kip Thorne s'est constamment effacé pour rendre hommage à d'autres scientifiques. Il commence ses séminaires en attribuant presque tout le mérite de ses découvertes à certains de ses étudiants. La modestie, et son contraire, donnent le ton dans un groupe de recherche.

Ghirlandajo et Michel-Ange, Koussevitsky et Bernstein, Lastman et Rembrandt, Fermi et Bethe, Luria et Watson. Des 286 lauréats du prix Nobel entre 1901 et 1972, quarante et un pour cent avaient pour maître ou pour collaborateur plus âgé un autre prix Nobel. Ceux-ci sont très souvent entourés de classes d'étudiants fougueux. On dirait que le rassemblement des apprentis fournit, en masse, la vitesse nécessaire au décollage. Parmi les grands maîtres de la physique, on comptait Thomson et Rutherford en Angleterre, Landau et Zel'dovich dans l'ex-Union soviétique, Bohr au Danemark, Fermi, Oppenheimer et Alvarez aux Etats-Unis ; tous animaient des groupes de recherche importants qui ont donné naissance à d'autres scientifiques éminents. À Caltech, Thorne a toujours tenu à confiner sa demi-douzaine d'étudiants dans des pièces adjacentes, avec une règle non écrite : que les portes des bureaux et des laboratoires restent ouvertes. Quand des individus inventifs travaillent dans le même espace, il y en a presque toujours un qui frémit, au bord d'une découverte, et ces vibrations s'étendent aux autres.

Sur une photographie prise en 1913 de la classe de dessin d'après nature du musée de Boston, Paxton, moustachu, nous fixe d'un regard ferme, assis parmi ses dix-sept étudiants. Au premier rang, sur la gauche, se trouve Gammel qui a vingt ans, tous ses cheveux, et un manteau. Son expression est sérieuse. Des autres élèves, les uns sont debout et d'autres assis, les uns portent d'élégants costumes et d'autres des blouses à manches courtes, les uns ont l'air effrayé et d'autres l'air ennuyé, mais ils s'appuient les uns sur les autres, les mains sur les épaules, et il y a de l'électricité dans l'air.

La lumière qui venait des hautes fenêtres de l'atelier d'Ingbretson faiblissait et ses élèves remballaient leur matériel. « Vous savez, Gammel n'était pas parfait. Ses gestes étaient forcés. Regardez ce bras. » Ingbretson désignait une illustration dans un livre sur l'œuvre de Gammel. « Ce n'est pas normal. Il m'a fallu du temps pour m'en apercevoir. J'étais soulagé. »

Rien n'est plus tonifiant pour des étudiants que de découvrir que leurs maîtres révérés sont faillibles. Les étudiants, Dieu le sait, sont débordés par leurs propres faiblesses humaines et, si leurs mentors peuvent commettre des erreurs, eh bien alors, tout peut arriver. Thorne se souvient que pendant sa seconde année après la licence, Wheeler soutenait des thèses erronées concernant les trous noirs. Comprendre en quoi Wheeler se trompait l'avait, d'une certaine manière, inspiré. En 1934, alors que Wheeler séjournait à Copenhague, il avait soumis au contrôle de Bohr des calculs sur la théorie dite de la dispersion, l'étendant des applications où les particules se meuvent lentement à celle où elles se meuvent pratiquement à la vitesse de la lumière. Bohr, sceptique, avait découragé Wheeler de publier ce travail. Il avait tort. Peut-être qu'en définitive, ce que nos maîtres nous apprennent de plus vital, c'est notre propre imperfection. Lors de l'inauguration à Washington, il y a quinze ans, de la statue géante d'Einstein, Wheeler dit : « Qu'est-ce qui peut le mieux symboliser la visée éternelle de la science ?... Pas une forme pompeuse dressée sur un piédestal. Non, une forme sur laquelle les enfants puissent ramper... »

LE VOYAGE DANS LE TEMPS ET LA PIPE DE PAPA JOE

Quand les astronomes pointent leurs télescopes sur Andromède, la plus proche des grandes galaxies, ils la voient telle qu'elle était il y a deux millions d'années. À peu près à l'époque où l'Australopithèque se dorait au soleil africain. Cette forme partielle de voyage dans le temps est possible parce que la lumière met deux millions d'années à nous parvenir de là-bas. Quel dommage que nous ne puissions faire l'inverse et observer la Terre depuis une confortable planète d'Andromède !

Mais regarder la lumière provenant d'objets éloignés, ce n'est pas le vrai voyage dans le temps, la participation en chair et en os au passé et au futur du Yankee du Connecticut de Mark Twain ou de l'inventeur aventureux de H. G. Wells. Depuis que j'ai l'âge de lire de la science-fiction, je rêve de voyager dans le temps. Les possibilités sont vertigineuses. On pourrait emporter des médicaments dans l'Europe du XIVᵉ siècle et arrêter l'épidémie de peste, ou faire un tour au XXIIIᵉ siècle, où les gens prennent leurs vacances annuelles dans des stations spatiales.

Étant moi-même un scientifique, je sais que le voyage dans le temps est des plus improbables si on s'en tient aux lois de la physique. En premier lieu parce que ce serait une violation de la causalité. Si on pouvait remonter le temps, on pourrait modifier une succession d'événements, sachant comment ceux-ci devaient normalement tourner. La cause ne précéderait plus forcément l'effet. Par exemple, on pourrait empêcher ses propres parents de se rencontrer. Envisager les conséquences d'une telle intervention suffit à donner la migraine. Depuis des décennies, les auteurs de science-fiction se délectent de ce genre de paradoxes.

La seule idée du viol de la causalité horrifie, bien entendu, les physiciens. Les équations différentielles qui prévoient le comportement des objets sous l'effet d'un ensemble donné de forces et de conditions initiales perdraient toute validité, puisque ce qui arrive en un certain instant cesserait de déterminer nécessairement ce qui arrive à l'instant suivant. Les calculs des physiciens se fondent sur ce déterminisme universel. Le voyage dans le temps les réduirait très probablement au chômage, eux et la plupart des scientifiques.

Mais, outre l'éventualité déplaisante de voir toute science mise en déroute, des difficultés techniques plus décisives s'opposent à sa réalisation, à l'intérieur du modèle physique lui-même. La manière dont le temps s'écoule, telle que nous la concevons aujourd'hui, a été brillamment expliquée par Albert Einstein en 1905.

Einstein commence par écarter sans cérémonie les conceptions aristotéliciennes et newtoniennes d'un temps absolu, en montrant que la vitesse mesurable à laquelle il s'écoule peut varier entre des observateurs en mouvement relatif l'un par rapport à l'autre. Jusque-là les choses s'annoncent bien pour le voyage dans le temps.

Einstein montre aussi, néanmoins, que l'ordre de deux événements dans le temps mesurable ne peut s'inverser tant que les mouvements relatifs n'ont pas dépassé la vitesse de la lumière. 300 000 kilomètres par seconde, ce n'est pas un chiffre comme un autre : c'est la vitesse de propagation dans le vide de toutes les radiations électromagnétiques et, apparemment, la limite fondamentale de toute vitesse dans la nature. D'innombrables expériences ont été tentées sans jamais apporter la preuve que quoi que ce soit puisse se déplacer plus vite que la lumière.

Il existe une autre issue possible. En 1915, Einstein a élargi les limites de sa théorie de 1905, la théorie de la relativité restreinte qui inclut les effets de la gravité. Sa théorie la plus récente a été baptisée – quelle imagination ! – théorie de la relativité générale. L'une et l'autre ont remarquablement survécu à tous les tests expérimentaux à notre portée. D'après la théorie de la relativité générale, la gravité étire et courbe la géométrie de l'espace et du temps, créant une distorsion dans la séparation temporelle et spatiale des événements.

La vitesse de la lumière ne peut être dépassée localement, c'est-à-dire sur de brefs trajets. Mais, sur un long trajet, il serait possible d'emprunter discrètement un raccourci dans l'espace créé par le gauchissement de la gravité. Résultat : un voyageur pourrait aller d'un point à un autre par une certaine route en moins de temps qu'il ne faut à la lumière pour y arriver par une autre route. C'est un peu comme d'aller en voiture de Las Vegas à San Francisco en choisissant de contourner ou non la Vallée de la Mort. Dans certains cas, ces itinéraires détournés pourraient permettre le voyage dans le temps, ce qui reposerait du coup toute la question de la violation de la causalité.

L'ennui, c'est qu'on n'arrive pas à trouver, dans les équations d'Einstein, de solutions précises qui autorisent cette excursion et qui soient en même temps convenables à d'autres égards. Toutes les hypothèses exigent une impossible configuration de la matière, ou laissent au moins dans l'espace un point rebelle, ce qu'on appelle une « singularité nue », qui n'entre pas dans le champ de la théorie. On dirait que la relativité générale, quand on veut l'attirer dans une sphère où c'en serait fait de toute science physique, freine des quatre fers et crie au secours.

Pourtant, je continue à rêver. Il y a dans le temps quelque chose de très personnel. Quand on a inventé les premières horloges mécaniques qui le découpent en intervalles d'une stricte régularité, les gens ont dû être surpris de découvrir que son écoulement était indépendant de leur évolution psychique et physiologique. Le temps corporel a ses propres variations qui ignorent les plus précises de nos horloges atomiques à hydrogène, bonnes pour le laboratoire.

En fait, le corps humain a son horlogerie interne, d'une extrême délicatesse, chaque élément fonctionnant à son rythme. Il y a les ondes alpha du cerveau ; il y a aussi les battements du cœur. Et le tic-tac incessant de ces horloges mystérieuses, impitoyables, régule notre vieillissement.

Nulle part, l'écoulement du temps externe n'a été plus clairement représenté que dans les diagrammes espace-temps conçus par Hermann Minkowski peu après les premiers travaux d'Einstein. Un diagramme de Minkowski est un graphique dans lequel le temps se développe sur l'axe vertical et l'espace sur l'axe horizontal. Chaque point sur le graphique a une coordonnée temporelle et une coordonnée spatiale, comparables à la longitude et à la latitude, sauf que c'est bien plus intéressant. Le diagramme ne se borne pas à dire *où* quelque chose se trouve, il nous dit aussi *quand*...

Dans un diagramme de Minkowski, l'histoire entière d'une vie, passée et future, que cette vie soit celle d'un homme ou d'une molécule, est fixée, résumée en un simple segment de ligne. Sur une seule feuille de papier. Il existe une ressemblance troublante entre un diagramme de Minkowski et un tableau généalogique dans lequel plusieurs générations, des ancêtres depuis longtemps disparus jusqu'à vous et à vos enfants, descendent inexorablement vers le bas de la feuille. Il me vient un violent désir de tricher avec cette fatalité.

Il y a peu, j'ai retrouvé la pipe favorite de mon arrière-grand-père. Papa Joe, comme on l'appelait, est mort il y a plus de soixante-dix ans. Il ne reste de lui que peu de photos ou autres souvenirs. Mais j'ai au moins cette pipe. Une superbe pipe anglaise en racine de bruyère, au fourneau solide, d'un beau grain dans le fil du bois. Le tuyau est cerclé, à sa base, d'une bande d'argent où sont gravés trois étranges symboles. Je devrais ajouter que, dans une pipe de bruyère bien choisie, le tabac et le bois forment une sorte de relation symbiotique, échangeant leurs sèves et leurs arômes, et que le fourneau garde un léger parfum de tous les tabacs différents qui s'y sont consumés.

La pipe de Papa Joe avait été rangée dans quelque tiroir des années auparavant, et elle était en bon état lorsque je la trouvai. J'y passai un cure-pipe, la bourrai avec du tabac que j'avais sous la main, et m'installai pour lire en fumant. Au bout de deux minutes, le plus rare et le plus merveilleux mélange d'odeurs commença à s'en dégager. Les tabacs variés qu'avait essayés Papa Joe à tel ou tel moment de sa vie, les circonstances diverses dans lesquelles il avait allumé sa pipe, les divers endroits qu'il avait visités et que je ne connaîtrais jamais, tout cela avait été enfermé dans ce fourneau de bruyère et se répandait à présent dans la pièce. J'eus vaguement l'impression que s'était opérée quelque part une délicieuse courbure temporelle, l'impression d'un bond vers le haut de la page. Oui, il existe une sorte de voyage dans le temps si on veut bien le prendre comme il vient.

À SON IMAGE

Je suis tombé récemment sur un recueil d'études consacrées aux recherches sur l'intelligence extraterrestre, publié il y a quelques années par la N.A.S.A.[1] La préface était de Théodore M. Hesburg, président de l'université Notre-Dame et théologien catholique. Hesburg cite une question qui lui a été posée (par un avocat étonné). Comment un religieux peut-il légitimement admettre la possibilité qu'il y ait dans l'espace d'autres mondes habités ? Voici ce qu'il a répondu : « C'est bien parce que je crois, en théologien que je suis, qu'il existe un être appelé Dieu, dont l'intelligence, la liberté et la puissance sont infinies, que je ne prendrai pas sur moi d'assigner des limites à ce qu'il peut avoir créé. » Ecrivant sur le même sujet sept cents ans auparavant et parlant comme beaucoup d'intellectuels de son temps, le grand théologien et philosophe saint Thomas d'Aquin a soutenu la

---

1. National Aeronautics and Space Administration.

thèse exactement opposée : « Ce monde est dit un de l'unité de l'ordre... toutes choses doivent appartenir à un seul monde. » Pour Thomas qui avait passé sa vie à tenter de réconcilier la foi avec la raison, l'omnipotence et la bonté divines s'exprimaient mieux dans la création d'un monde unique et parfait que dans celle d'une multiplicité de mondes nécessairement imparfaits.

Le révérend Hesburg – et nous, qui sommes nombreux à accepter sans trouble la possibilité d'autres mondes – n'a pas été conduit à adopter ce point de vue par une quelconque preuve scientifique. Malgré des recherches acharnées, on n'a trouvé sur Mars aucune sorte de vie ; on n'a encore détecté aucune communication extraterrestre venue de l'espace ; on n'a découvert que peu de planètes en dehors de notre système solaire. Ce qui est intervenu entre l'époque de saint Thomas d'Aquin et la nôtre, c'est une révolution mentale : nous nous situons autrement dans l'univers. Pour l'essentiel, cette révolution a eu lieu au XVIIe siècle. Elle était liée à la naissance de la science moderne, mais elle allait beaucoup plus loin que celle-ci ; elle était liée aux débuts du protestantisme et à la victoire de la théologie naturelle sur l'Écriture, mais elle allait beaucoup plus loin que la religion ; elle était liée à la philosophie française des Lumières et au siècle de la Raison. La question des extraterrestres, la question de savoir si nous sommes nécessairement les seuls êtres pensants de l'univers, s'est enracinée au plus profond de notre culture et de notre identité en tant qu'êtres humains.

L'idée de la pluralité des mondes remonte loin, au moins jusqu'aux atomistes grecs et à leur conception d'un espace rempli d'un nombre infini d'atomes obéissant tous aux mêmes lois naturelles. Dans une telle philosophie, tout ce qui se produisait sur terre se serait nécessairement répété dans tout le cosmos. Aristote, cependant, voyait les choses très différemment. Tout se composait, pour lui, de quatre éléments : la terre, l'air, le feu, l'eau et l'éther. Chaque élément avait sa « place naturelle ». La place naturelle de la « terre » était au centre de l'univers, et toutes les particules de cet élément, où qu'elles se trouvent, tombaient nécessairement vers ce centre. La place naturelle de l'éther était l'empyrée, où il constituait les étoiles. L'eau, l'air et le feu occupaient des positions intermédiaires. L'ascendant intellectuel d'Aristote est resté puissant pendant des siècles. Tout d'abord, sa conception d'un cosmos centré autour de la Terre semble relever du bon sens. Si nous contemplons, dehors, le ciel étoilé, il nous est facile de croire que l'univers tourne autour de nous et que ces points lumineux, au loin, sont faits d'un autre matériau, éthéré. Chaque chose à sa place. Saint Thomas d'Aquin s'est évertué à concilier le christianisme et la philosophie aristotélicienne chaque fois que c'était possible.

Aristote mis à part, de puissants motifs religieux et affectifs poussaient à nier la possibilité d'autres mondes. L'Ecriture, par exemple, ne fait mention que d'une terre. Et, ce qui est peut-être plus important, tout le style de la Bible suggère une relation confortable, personnelle, entre l'homme et Dieu. Dieu veille sur nous. Au Moyen-

Âge aussi, on croyait communément que l'univers avait d'abord été créé pour nous et à notre usage. La vie, telle qu'elle est, nous déroute. Qui souhaite passer ses jours dans l'incertitude de son statut et dans un cosmos dont les finalités restent obscures ? Les gens n'étaient pas pressés de larguer leurs amarres.

Tout le monde, cependant, n'était pas capable de marier la foi et la raison aussi paisiblement que saint Thomas d'Aquin. L'omnipotence de Dieu et sa puissance créatrice auraient été amoindries si elles s'étaient limitées à un seul monde, décréta en 1277 l'évêque de Paris. C'était un argument de poids en faveur de la pluralité des mondes (très proche de celui de Hesburg dans le livre de la N.A.S.A), et on le retrouve fréquemment. Théologiquement, il n'était pas facile de décider si l'existence d'autres mondes rehausserait ou ternirait la gloire de Dieu. Pendant un peu plus de deux siècles, la discussion fit rage parmi les intellectuels.

Après 1543, un élément nouveau et décisif surgit dans le débat, un élément scientifique. Copernic venait de publier son *De revolutionibus orbium coelestium libri VI*, montrant que les données astronomiques s'accordaient mieux à l'hypothèse qui plaçait le soleil au centre de notre système qu'à la théorie géocentrique. Copernic ne se demandait pas si les planètes sœurs de la Terre étaient de même nature qu'elle, encore moins si elles étaient habitées, mais le grand bouleversement s'annonçait. De nombreuses contributions scientifiques sur le problème de la pluralité des mondes allaient suivre, en même temps que naissait la science moderne. Un siècle et demi après le *De Revolutionibus*, les observations télescopiques de Galilée, signalant des montagnes irrégulières sur la lune, celles de Kepler sur l'apparition soudaine d'une « nouvelle » étoile dans le ciel, là où il n'y avait rien, et les lois de la gravitation universelle formulées par Newton venaient toutes à l'appui de la supposition qu'il pouvait exister d'autres mondes.

Mais on a peine à croire que ces progrès techniques aient eu en eux-mêmes le pouvoir de transformer les mentalités. Dans les débats de cette période, on relève en effet des arguments boiteux, basés sur des postulats incertains, avec souvent des relents de préjugés anciens et d'anthropocentrisme, et qui, d'une façon ou d'une autre, en appellent tous à Dieu. Pour prouver la réalité d'une vie extraterrestre, le terrain de démonstration idéal était évidemment la lune, notre voisine la plus proche. Histoire de rendre celle-ci plus accueillante, Galilée émit l'hypothèse (erronée) que si elle présentait, vue au télescope, un contour sans aspérités, c'était dû à la présence d'une atmosphère lunaire et que les taches sombres correspondaient à des océans. Le grand astronome allemand Johannes Kepler conclut (à tort) que la forme et la disposition des cuvettes lunaires prouvaient que des créatures intelligentes avaient fait là œuvre architecturale, (ce qui rappelle fort les fameuses « observations » de Percival Lowell sur les « canaux martiens » au tournant de notre siècle.) Bien qu'il défendît avec vigueur l'hypothèse d'une vie sur la lune, Kepler se donna du mal pour montrer que, selon ses calculs, notre soleil était l'étoile la plus lumineuse (et donc la plus noble) de la Voie lactée. Cette erreur peut sans doute être comprise à la lumière de ses commentaires de 1610 dans *Conversation de Kepler avec le messager sidéral de Galilée* :

« S'il existe dans le ciel des globes semblables à notre terre, rivalisons-nous avec eux pour savoir qui occupe la meilleure part de l'univers ? Car, si leurs globes sont plus nobles, nous ne sommes pas les plus nobles des êtres doués de raison. Comment, alors, la Création peut-elle être faite pour l'homme ? Comment pouvons-nous être les maîtres de l'œuvre divine ? »

Kepler restait assis entre deux chaises. D'autres mondes habités dans notre système solaire, c'était parfait, mais notre planète particulière devait rester la plus belle et la plus brillante. Quant à l'astronome Thomas Wright dans sa *Théorie originale ou Nouveau système de l'Univers* (1950), il brandissait son autorité de scientifique à l'appui de la pluralité des mondes mais commençait par proclamer : « La gloire de l'Être divin doit naturellement être notre principal objet » et tenait effectivement compte de ce but dans sa construction du cosmos. La science n'était pas seule, loin de là, à fonder de telles convictions.

Au cours de la même période, la théologie connaissait, en Angleterre notamment, des transformations radicales. La conviction que Dieu se révèle mieux à travers ses œuvres naturelles qu'à travers l'Écriture gagnait du terrain. On célébrait la nature. Ce changement de point de vue allait s'affirmer clairement plus tard dans la philosophie de Rousseau, la poésie de Coleridge et de Wordsworth, les paysages de Turner et de Constable. Il conduisait à soulever le problème des autres mondes.

En 1638, le pasteur John Wilkins, qui devint par la suite un évêque anglican, soutint bravement que l'absence dans la Bible de toute mention de ces autres mondes ne leur interdisait pas d'exister. Quelque cinquante ans après, le théologien anglais Richard Bentley tirait de la nouvelle « théologie naturelle » ses ultimes implications pour l'humanité :

« Nous ne devons ni ne voulons borner et restreindre les desseins de Dieu dans la création de tous les corps physiques au seul bien et au seul usage des hommes... Tous les corps ont été formés à l'intention d'esprits intelligents. Et comme la Terre a été principalement conçue pour l'être, le service et la contemplation des hommes, pourquoi d'autres planètes n'auraient-elles pas été créées aux mêmes fins, chacune pour ses propres habitants, doués de vie et de conscience ? »

Et dans le *Paradis perdu* de Milton (1667), l'archange Raphaël répond ainsi aux questions cosmologiques d'Adam :

« ... d'autres soleils peut-être
T'apparaîtront avec leur escorte lunaire...
Placés dans chaque sphère peut-être avec certains vivants.
Qu'un si vaste domaine dans la nature reste inhabité
Par l'âme vivante... prête à la controverse... »

Les considérations théologiques revêtaient ici un autre tour. Dieu restait une force puissante et bienfaisante mais, derrière le décor, quelque chose avait changé.

Comme le constatait si bien Bentley, l'humanité devenait humble, intellectuellement tout au moins. À cet égard, les *Principes de la philosophie* (1644) de Descartes constituent un repère. Cet examen du savoir, le plus complet depuis Aristote, a eu une énorme influence sur la pensée moderne. Dans les *Principes*, Descartes envisage tout, à commencer par la nature de la pensée elle-même : les cinq sens de l'homme, le mouvement des projectiles, le comportement des fluides, les taches du soleil, le mécanisme des marées, la nature de l'esprit, l'âme. Ce n'est pas la modestie qui, de prime abord, caractérise un tel programme. Pourtant Descartes insiste sur l'importance majeure de cette qualité à la base de tout raisonnement. Dans la troisième partie de son ouvrage, avant de se lancer dans la cosmologie, il nous met en garde contre la présomption de vouloir tout comprendre des desseins de Dieu et suggère que ceux-ci, selon toute vraisemblance, ne visent pas uniquement notre bien. On découvre ensuite que, dans tout le cosmos non-anthropocentrique de Descartes, la nature obéit à des lois universelles. Elle constitue un système unique, mécanique, où les fluides et les taches solaires dansent suivant les mêmes règles, ici et ailleurs, dans l'univers entier. Les idées de Descartes circulèrent comme une fumée de pipe dans les salons de Hollande, de France, d'Allemagne et d'Angleterre. Dans le détail, ses assertions scientifiques allaient être bientôt balayées par les *Principia* de Newton. Mais sa redéfinition de la place de l'homme dans l'univers a marqué profondément et durablement les esprits. Descartes, semble-t-il, inspire les commentaires de Bentley autant que Copernic.

C'est en 1686 que la philosophie de Descartes a sans doute connu son expression la plus littéraire et le plus largement répandue, avec les célèbres *Entretiens sur la pluralité des mondes* de Bernard Le Bovier de Fontenelle. Fontenelle, écrivain, philosophe, secrétaire pendant cinquante ans de l'Académie française, figure importante des Lumières, a su comme personne parler de la science en termes accessibles au grand public. Les *Entretiens* se déroulent en plusieurs soirées que l'auteur passe à converser agréablement avec une dame cultivée. Tandis qu'ils se promènent dans le parc, il déploie sous ses yeux l'univers neuf de Copernic et de Descartes, sans jargon technique, dans un langage spirituel et poétique. Cet univers-là, où la nature fonctionne comme une montre, n'a pas été conçu dans notre intérêt. Dans cet univers-là, des planètes habitées sont en orbite autour d'autres soleils. Du vivant même de Fontenelle, les *Entretiens* ont connu vingt-huit éditions. Ils ont été traduits en anglais un an après la publication originale, puis en allemand. D'autres livres populaires, porteurs du même message, allaient suivre. Au cours du XVIIIe siècle, l'idée de la pluralité des mondes s'installa progressivement, sans tapage, dans la culture occidentale.

Nous arrêterons là cette petite histoire d'une très grande idée. De nos jours, nous envisageons avec modestie, pour la plupart, notre place dans l'univers, sans y avoir spécialement réfléchi. Les ossements de nos ancêtres ressemblent fort à ceux des singes. Nous avons des photos de notre fragile planète, prises de la lune. Des pierres venues de l'espace sont tombées dans nos jardins.

L'autre jour, j'ai rendu visite à une voisine qui vient d'être ordonnée prêtre de l'Église épiscopale, et je lui ai demandé ce qu'elle pensait des extraterrestres. Elle était pour. Quelle serait sa réaction si nous entrions demain en contact avec eux ? Elle souhaiterait connaître leur système de valeurs, me dit-elle.

MIRAGE

Au sud-est de la Perse se trouve la ville de Khashabriz. Peu de ses habitants ont jamais franchi ses limites car elle est emprisonnée dans une autre ville, un cercle de châteaux et de pilastres qui se dressent à l'horizon comme une chaîne de montagnes. De temps à autre, des aqueducs, des fenêtres, scintillent dans le lointain, puis s'évanouissent. Certains ont essayé d'aller vers cette forteresse extérieure, pour découvrir que les châteaux reculaient au fur et à mesure de leur avance, décourageant l'exploration. On raconte qu'avec le temps celui qui vit à Khashabriz se résigne à la réclusion, parcourant les mêmes rues pavées, passant devant les mêmes éventaires chargés de dattes, de blé et de sucre de betterave, respirant la même poussière, mariant ses enfants aux enfants des voisins. S'il arrive à des caravanes et à des nomades de s'égarer par là, ils ne repartent plus.

Comme Zarathoustra, la ville s'est lentement repliée sur elle-même, satisfaite de son isolement. Où, dans le monde, trouverait-on coton plus doux au toucher que le coton de Khashabriz, poterie plus délicate, poésie plus enchanteresse ? En vérité, quel motif aurait-on de partir ?

Au long des années, diverses théories sont nées parmi les habitants sur l'origine de ces tours lointaines, brumeuses. Une de ces théories affirme qu'elles ont été bâties par les fondateurs de la ville, il y a bien longtemps, pour la protéger du monde inconnu, là dehors. D'autres soutiennent qu'elles ont été édifiées par des artisans étrangers pour imposer un blocus, parce qu'ils redoutaient la concurrence des curieuses pièces d'orfèvrerie et des merveilleux tapis qui se fabriquent en ville. Autant de personnes, autant de théories dont on débat avec indolence dans les passages voûtés des bazars et sur les terrasses en fin d'après-midi. Sur un seul point, tout le monde est d'accord : personne n'habite la forteresse extérieure parce que, la nuit, quand les maisons et les tavernes de Khashabriz s'illuminent, tout est noir là-bas comme de la poix. Sauf dans le sommeil. On a découvert il y a longtemps que les tours se dressent dans chaque rêve de chaque habitant de Khashabriz comme, en plein jour, elles ferment l'horizon derrière chaque boutique, chaque maison, chaque galerie.

Un petit groupe de savants locaux, connus pour leur impartialité, a soutenu que les châteaux environnants n'étaient qu'un mirage et que les gens pouvaient sortir du cercle dès qu'il leur plairait. Ils disent que des irrégularités de l'atmosphère provoquent une courbure des rayons lumineux, que l'air peut se comporter comme une lentille défectueuse, déformant certaines images et en créant d'autres. C'est, disent-il, un effet analogue qui plie en deux l'image d'une cuillère plongée à moitié dans l'eau. Ils se réunissent la plupart du temps pour théoriser dans un petit café après dîner, et ils y passeraient la nuit si leurs familles ne les envoyaient pas chercher à l'heure du coucher.

Leur hypothèse est axée sur un fait précis : si la densité de l'air décroît avec la hauteur au-dessus du sol, comme il arrive quand la température augmente, le trajet de la lumière va s'infléchir vers le bas et les images bouger vers le haut. Un observateur, recréant la réalité par extrapolation à partir des rayons lumineux qui frappent ses yeux, a l'impression de se trouver dans une vaste cuvette et voit les images du sol se relever vers le haut, formant de lointaines parois. En outre, certaines dispositions complexes des couches atmosphériques peuvent faire surgir des tourelles d'une surface plane, des zébrures d'une ombre compacte.

Rares sont ceux qui admettent cette explication. Pourquoi, jour après jour, la température de l'air augmenterait-elle avec sa hauteur au-dessus du sol ? Il se trouve, répondent les savants, que les terres autour de Khashabriz sont rafraîchies par un lac souterrain qui communique avec le golfe d'Oman, tandis que l'air, à plusieurs mètres d'altitude, est réchauffé par un soleil constant et par les brises des montagnes. Pris entre le froid au sol et la chaleur en haut, il ne peut guère se comporter autrement. Comment se fait-il que les châteaux scintillent au loin comme s'ils reflétaient la lumière ? Les savants répondent que le vent ne cesse de brasser l'air, mêlant ses densités différentes et modifiant rapidement son foyer. Reste une dernière question qui réduit les physiciens au silence. Pourquoi n'ont-ils pas bougé de Khashabriz si la forteresse qui l'entoure est une illusion ? Sans répondre, ils reviennent à leurs équations, tout comme le boulanger revient à son fournil après avoir écouté leurs drôles d'histoires.

Certains savants ont tranquillement abandonné leur théorie impopulaire, sans preuve ni réfutation. D'autres se sont faits philosophes, soutenant que rien n'existe, que tout est mirage. Avec leurs disciples, ils se retrouvent quotidiennement aux bains publics, où se succèdent des salles d'eau de plus en plus chaude, et ne remarquent pas s'ils ont les yeux ouverts ou fermés.

Il est difficile à un étranger de comprendre la ville de Khashabriz. À certains égards, c'est une ville normale. Les enfants galopent sur le carrelage des cours, à la poursuite des moutons et des chèvres, les amoureux s'étreignent dans les coins sombres et, du haut de la mosquée, l'appel à la prière éclate chaque matin. Mais, au cœur de la nuit, les rues vides s'emplissent du gémissement des dormeurs et, au réveil, personne n'ose regarder personne en face, comme si chacun devait de l'argent à l'autre. Et les tours lointaines ferment l'horizon, pierre et air mêlés, intimidantes, muettes.

LA FISSION DE L'ATOME

Au printemps 1962, notre famille installa dans la cour un abri contre les retombées radioactives. Le président des État-Unis était venu à la télévision nous dire, le doigt pointé vers nous, d'aller nous construire un abri. Quelques mois après, le gouvernement avait diffusé vingt-cinq millions d'exemplaires d'un fascicule intitulé : *Protection antiatomique. Ce qu'il faut savoir et ce qu'il faut faire en cas d'attaque nucléaire.* J'avais quatorze ans et tremblais de ne jamais atteindre ma quinzième année. C'est mon insistance, à chaque dîner, alors que mes trois frères cadets restaient cois, qui finit par convaincre mes parents de creuser la cour et d'y installer un abri. Il coûta 3 000 dollars, le prix exact du « refuge contre la bombe H » décrit en 1955 dans un article de *Life*. Nous étions fin prêts juste à temps pour la crise des missiles cubains.

C'est un homme court sur pattes, amateur de randonnées, qui réussit la première réaction nucléaire en chaîne provoquée artificiellement, le 2 décembre 1942, dans un court de squash désaffecté de l'université de Chicago. Il se nommait Enrico Fermi. Dans la réaction en chaîne de Fermi, une particule subatomique appelée neutron frappe le noyau d'un atome d'uranium, le fendant en deux et libérant, ce faisant, de l'énergie. Un noyau d'uranium est lui-même plutôt riche en neutrons et, après le choc, certains d'entre eux s'échappent individuellement, en même temps que les deux principaux fragments issus de la fission. Chacun de ces neutrons libérés va finir par frapper à son tour un nouveau noyau d'uranium, le fendant en deux, libérant davantage d'énergie et davantage de neutrons. L'activité se multiplie et s'accélère. Les noyaux d'uranium sont comme autant de pièges posés un peu partout, garnis chacun de plusieurs balles de ping-pong prêtes à sauter en l'air dès que quelque chose actionnera le ressort. Lancez au milieu une seule balle pour assurer le démarrage et les balles de ping-pong fuseront bientôt dans tous les sens. Fermi empêchait sa réaction en chaîne de devenir incontrôlable en retirant constamment des neutrons. On pourrait de même ralentir le jaillissement frénétique des balles en attrapant en l'air certaines d'entre elles avant qu'elles ne déclenchent un ressort. Fermi était presque le seul physicien du XXe siècle à être génial à la fois dans la théorie et l'expérimentation. Il avait, avec d'autres, pensé aux réactions nucléaires en chaîne vers le début de 1939. L'idée même de la fission n'avait que quelques mois à l'époque.

Avant 1938, tout le monde croyait que les noyaux atomiques restaient plus ou moins intacts, tandis que les noyaux de certains éléments se désintégraient graduellement, par groupes de tout petits fragments. L'émission de ces fragments s'appelle la radioactivité. Antoine-Henri Becquerel, un physicien français, avait d'abord découvert, en 1896, la radioactivité de l'uranium et, peu après, Pierre et Marie Curie, mari et femme travaillant en équipe, l'observaient à partir d'un autre élément, le radium, qui perdait progressivement du poids en se délestant d'infimes particules.

Dans les premières années du siècle, les scientifiques ignoraient d'où, à l'intérieur de l'atome, émanait la radioactivité. On se représentait les atomes comme des sphères solides, chargées d'électricité positive également répartie, imbriquées avec des particules de charge négative appelées électrons. L'électron, découvert en 1897, était évidemment une particule subatomique. Son existence contredisait déjà l'idée des anciens Grecs selon lesquels l'atome était indivisible. Mais on ne savait pas grand-chose de la structure interne de celui-ci. C'est alors qu'Ernest Rutherford, grâce à une expérience à la fois simple et brillante réalisée en 1911, mit en évidence l'existence du noyau. Il mitrailla de particules subatomiques une feuille d'or. Les projectiles utilisés étaient des particules alpha, découvertes par les Curie au cours de leurs recherches sur la radioactivité, et dont on savait qu'elles faisaient environ le cinquantième du poids des atomes d'or. Si la charge positive d'un atome était diluée dans tout son volume, comme on le croyait, les particules alpha n'auraient dû rencontrer que peu de résistance pour traverser leurs cibles, les atomes d'or. Mais certaines d'entre elles rebondirent droit vers l'arrière, s'étant apparemment heurtées à quelque chose de fortement concentré. Ce que Rutherford venait de découvrir, c'est qu'un atome est, pour sa plus grande part, un espace vide, avec un centre minuscule de charge positive autour duquel gravitent, à bonne distance, les électrons. Ce centre dense, le noyau de l'atome, contient toute sa charge positive et plus de 99,9 % de son poids. Il est à peu près cent mille fois plus petit que l'atome pris dans sa totalité. Rutherford, le lord à la voix tonnante, préférait de beaucoup les expériences simples, du genre vite fait bien fait, et c'en était une, à coup sûr. Il avait aussi beaucoup de flair dans ses prévisions. Ses expériences avaient montré que les particules de charge positive, les protons, résident dans le noyau central de l'atome. Il annonça dans la foulée, sans se tromper, que les protons partagent leur logis nucléaire avec d'autres particules dépourvues de charge, qu'on appela plus tard les neutrons.

Il avait eu parmi ses collaborateurs, de 1901 à 1903, un certain Frederic Soddy, qui remporta par la suite le prix Nobel de chimie. Ils avaient travaillé ensemble sur la radioactivité. Soddy fut impressionné par l'énergie qui émergeait des profondeurs de l'atome. Dès 1903, il consacra un article, dans le *Times Literary Supplement*, à cette énergie latente et, en 1906, écrivit ailleurs que la société tirerait des bénéfices pacifiques de « cette immense réserve d'énergie » lorsqu'on en aurait trouvé la clef. Il voyait exceptionnellement loin. H. G. Wells aussi, qui suivait de près les progrès de la science et se montrait très attentif aux remarques d'hommes comme Soddy.

Wells, cependant, ne voyait pas l'avenir aussi rose. En 1914, il publia un roman relativement peu connu : *The World Set Free* (« Le monde libéré ») situé dans les années 50, qui décrit une guerre mondiale au cours de laquelle toutes les grandes villes du monde sont détruites par quelques « bombes atomiques » de la taille d'un ballon de plage.

On peut dire que les recherches qui devaient aboutir à la fission nucléaire démarrèrent vraiment en 1934. Cette année-là, Irène Curie, fille de Marie et Pierre, et son mari Frédéric Joliot découvrirent la radioactivité « artificielle ». Auparavant, toutes les substances radioactives avaient été tirées de minéraux et de minerais. Joliot et Curie s'aperçurent qu'ils pouvaient *créer* des éléments radioactifs en bombardant de particules alpha des éléments non radioactifs. Apparemment, certains noyaux atomiques stables, qui ne demandaient qu'à rester tranquilles indéfiniment, pouvaient devenir instables si on les forçait à absorber des particules subatomiques supplémentaires. Énergiquement gavés et mis en état d'agitation, ils commençaient à vomir des bribes de leur propre substance, comme dans la radioactivité « naturelle ». Enrico Fermi, alors à Rome, s'engagea aussitôt sur la piste que les Joliot-Curie avaient ouverte, mais décida de voir si des neutrons ne conviendraient pas mieux que les particules alpha pour produire des noyaux radioactifs. Les particules alpha, étant de charge positive, sont partiellement repoussées par le noyau, de charge positive lui aussi, mais les neutrons, dépourvus de charge, raisonna Fermi, ne devraient pas rencontrer la même résistance. Ses expériences s'avérant concluantes, il entreprit de bombarder le noyau massif d'uranium, qui renferme plus de deux cents neutrons et protons, pour voir ce qui allait se passer. Il supposait naturellement, comme tout le monde, que ce bombardement neutronique donnerait naissance à des noyaux d'un poids proche de celui de l'uranium. C'est alors que, vers la fin de 1938, Otto Hahn et Fritz Strassman, deux radiochimistes méticuleux, trouvèrent dans les restes d'uranium bombardé un peu de baryum, élément qui pèse environ deux fois moins que l'uranium. L'échantillon sur lequel ils avaient travaillé ne contenait pas de baryum au départ. Tout se passait comme si certains noyaux d'uranium s'étaient divisés en deux.

En décembre 1938, Hahn décrivit, dans une lettre adressée à Lise Meitner, sa coéquipière depuis trente ans, les résultats déconcertants de l'expérience. À l'institut allemand Kaiser Wilhem, Meitner avait été une physicienne respectée et très aimée, mais elle était juive et avait dû fuir en Suède cinq mois auparavant. À Noël, son neveu, le physicien Otto Frisch, lui rendit visite. Il décrit ainsi leur rencontre : « Là, dans un petit hôtel de Kungälv, près de Göteborg, je la trouvai en train de méditer au petit-déjeuner sur une lettre de Hahn. Le contenu de celle-ci me laissa sceptique. Comment, avec des neutrons, obtenir du baryum à partir de l'uranium ? Mais elle s'obstinait. Nous marchions de long en large dans la neige. »

Tout en arpentant, Frisch et sa tante se demandaient comment un unique neutron, se déplaçant lentement, pouvait bien arriver à fendre en deux un énorme noyau d'uranium. On savait que les protons et les neutrons d'un noyau atomique sont maintenus ensemble par de puissantes forces d'attraction, faute de quoi la répulsion électrique des protons les uns pour les autres provoquerait leur dispersion en tous sens. Comment des liens aussi forts pouvaient-ils être rompus par un neutron isolé ? Frisch et Meitner finirent par réaliser que la réponse était contenue dans une idée avancée par Niels Bohr, le grand physicien danois. En 1936, celui-ci avait supposé que les particules à l'intérieur d'un noyau atomique avaient un comportement collectif, analogue à ce qui a lieu pour une goutte de liquide. Frisch et Meitner se dirent que si la goutte, normalement sphérique, subissait une légère déformation, les forces de répulsion entre protons commenceraient à prendre le dessus sur les autres, les forces d'attraction. La force d'attraction nucléaire entre deux particules s'affaiblit très rapidement au fur et à mesure qu'elles s'écartent l'une de l'autre, tandis que la force de répulsion électrique décroît beaucoup plus lentement. Aplatissez une sphère de particules : chacune d'elle va, en moyenne, s'éloigner de ses voisines. Si vous l'aplatissez suffisamment, les forces de répulsion l'emportent et elle se divise en deux moitiés qui partent à toute vitesse chacune de son côté. Frisch et Meitner calculèrent que le noyau d'uranium était particulièrement vulnérable aux déformations et qu'une simple chiquenaude donnée par un neutron de rien du tout suffirait à l'envoyer par-dessus bord. D'après leurs chiffres, l'énergie libérée serait énorme. Frisch regagna Copenhague quelques jours plus tard et réussit de justesse à communiquer la nouvelle à Bohr au moment où celui-ci embarquait sur le *Drottningholm*, paquebot américano-suédois en partance pour New York. Bohr se frappa aussitôt le front et s'exclama de sa voix douce : « Qu'est-ce que nous avons été bêtes ! » Pour décrire le processus, Frisch employa pour la première fois le terme de *fission*, par référence à la division cellulaire en biologie.

Trois groupes de physiciens, incluant Leo Szilard à Columbia et Walter Zinn, allaient ensuite démontrer en mars 1939 que la fission neutronique d'un noyau d'uranium expulse plusieurs neutrons nouveaux. Cela prouvait que des réactions en chaîne étaient possibles, comme Fermi l'avait conjecturé. Bohr, à Princeton, allait établir que seule une forme très rare d'uranium, le U-235, constituant seulement un centième de cet élément dans la nature, pouvait entretenir une réaction en chaîne. C'est pourquoi le monde n'avait pas encore explosé spontanément. Pour construire un réacteur nucléaire, il fallait collecter et concentrer le U-235. C'était faisable. Pour les Allemands. Le 2 avril 1937, Albert Einstein écrivit à Roosevelt : « Monsieur le président : de récents travaux d'E. Fermi et de L. Szilard... me conduisent à penser que l'élément uranium peut être transformé dans l'avenir immédiat en une nouvelle et importante source d'énergie... et il est concevable... que des bombes d'un nouveau type, extrêmement puissantes, soient construites dans ces conditions... »

Puissantes, certes. La fission d'un gramme d'uranium produira à peu près dix millions de fois plus d'énergie que la combustion d'un gramme de charbon et d'air ou l'explosion d'un gramme de T.N.T. Pourquoi l'énergie nucléaire est-elle sans commune mesure avec toutes les formes d'énergies connues précédemment ? Les explosions de T.N.T. et la combustion carbonique libèrent une énergie chimique qui a été domestiquée sous une forme ou sous une autre depuis des milliers d'années. L'énergie chimique provient de réorganisations d'électrons, à la périphérie de l'atome. L'énergie nucléaire, au sens où nous venons d'en parler, provient de réorganisations de protons à l'intérieur de son noyau. Les protons sont confinés dans un volume incomparablement plus petit que les électrons, leurs « ressorts » électriques sont donc beaucoup plus fortement comprimés et leur détente est d'autant plus violente lorsqu'elle se produit. Grosso modo, l'énergie nucléaire surpasse en puissance l'énergie chimique d'autant de fois que le volume de l'atome pris dans sa totalité surpasse le volume de son noyau. (On obtient à partir de la fusion de petits noyaux encore plus d'énergie qu'à partir de la fission des gros.)

Comme Soddy l'avait prévu, l'énergie nucléaire a été effectivement utilisée à des fins pacifiques. La première centrale électrique de ce type est entrée en fonctionnement à Lemont, dans l'Illinois, en 1956. Malheureusement cette énergie qui promettait d'être « trop bon marché pour qu'on la facture » n'a toujours pas fait ses preuves du point de vue économique. En 1984, les quatre-vingt-deux centrales nucléaires autorisées aux États-Unis ne couvraient que treize pour cent à peu près de nos besoins globaux en électricité et connaissaient des problèmes de fonctionnement et de conception. Quelques pays européens ont fait mieux, mais le charbon et le pétrole ont continué à assurer, au XXe siècle, la majeure partie du labeur.

Ce que l'énergie nucléaire a radicalement changé, c'est la signification de la guerre. Chaque arme nouvelle a semblé, en son temps, faire un pas de géant par rapport à celles qui la précédaient : la catapulte des Romains, l'arc des Anglais au Moyen-Âge, la poudre à canon au XIVe siècle, le T.N.T. en 1890, mais ces avancées apparaissent lilliputiennes si on les compare au bond que représente le passage de l'arme chimique à l'arme atomique. Quatre vingt-dix-sept des cent une fusées V1 dirigées sur Londres le 28 août ont été interceptées, ce qui est remarquable du point de vue de la défense. Si leurs explosifs avaient été des bombes atomiques, les quatre fusées qui ont atteint leur but, ou, en fait, une seule d'entre elles, auraient anéanti la ville entière. Les États-Unis et l'ex-Union soviétique possèdent chacun vingt mille bombes de cette espèce, qui peuvent être lancées dans un délai très bref. À l'ère atomique, les mots *défense* et *victoire* ont soudain perdu leur sens. Les armes nucléaires exigent que nous forgions de nouveaux concepts pour la guerre, la paix, et même la définition de ce qu'est une arme.

Même en temps de paix, l'arme nucléaire porte profondément atteinte à notre sentiment de sécurité. Une enquête de responsables de l'éducation civique, menée à l'échelle nationale auprès des élèves du secondaire, a révélé que quatre-vingt pour cent d'entre eux pensaient qu'il y aurait une guerre nucléaire avant vingt ans et que quatre-vingt-dix pour cent supposaient que la planète n'y survivrait pas. Comment mesurer les effets psychologiques de telles perspectives ?

De nos jours, le sentiment s'est largement répandu que la technologie, et la technologie nucléaire en particulier, avance sur sa propre lancée et précipite le monde vers sa destruction. Suivant cette conviction, nous les humains ne sommes que des spectateurs, livrés sans défense à notre destin. Je suis persuadé que notre sentiment d'impuissance tient au caractère *abstrait* du danger plus qu'à notre incapacité à agir. Après l'anéantissement de Pompéi en 79 apr. J.C., le Vésuve est entré neuf fois en éruption avant celle, dévastatrice, de 1631, qui a détruit de nombreux villages sur ses pentes et tué trois mille personnes. Au cours des six mois précédents, des tremblements de terre avaient secoué ces villages. Pourquoi les gens continuaient-ils à vaquer à leurs affaires près d'un volcan en pleine activité ? Sept cents personnes environ ont péri dans le grand tremblement de terre de San Francisco en 1906, et les experts s'attendent à un autre grand séisme dans cette région. Pourquoi continue-t-on à construire sur la faille de San Andreas ? Dans ces cas-là, comme pour la guerre nucléaire, la catastrophe se présente en termes de tout ou rien et sa vraisemblance paraît minime ou incalculable. Bien sûr, nous ne pouvons pas nous éloigner des armes nucléaires comme nous pouvons nous éloigner des volcans et des failles géologiques, mais la psychologie est sans doute la même. De toute évidence, même lorsqu'on peut l'éviter, on accepte de vivre dans des situations dangereuses tant que ce danger reste abstrait.

Avec la découverte de la fission nucléaire, le monde s'est profondément embourbé, pour parler comme Freeman Dyson. Embourbé dans la construction d'armes nucléaires, dans des conceptions dépassées de la guerre et de la paix, dans nos passions innées. Si nous parvenons à nous désembourber, on verra peut-être notre ère, dans un millier d'années, comme celle de l'ouverture humaine plutôt que comme celle de l'ouverture de l'atome.

LES ATTENTES ÉVANOUIES

Les scientifiques, comme les athlètes, sont généralement précoces. Isaac Newton n'avait guère plus de vingt ans lorsqu'il découvrit la loi de la gravitation. Albert Einstein avait vingt-six ans lorsqu'il formula la théorie de la relativité restreinte, et James Clerk Maxwell, ayant mis la dernière main à sa théorie électromagnétique, s'était retiré à la campagne à trente-cinq ans. Quant j'ai eu trente-cinq ans moi-même, je n'ai pu m'empêcher de me livrer à un exercice pourtant déplaisant : faire le bilan de ma carrière de physicien. À cet âge, approximativement, la créativité a porté ses fruits, les résultats sont visibles. Vous aviez le don et vous l'avez exploité ou vous ne l'aviez pas.

Dans mon cas, comme pour la majorité de mes collègues, j'ai conclu que mon travail était respectable à défaut d'être brillant. Bien. Malheureusement, je dois à présent décider de ce que je vais faire du reste de ma vie. Ceux de mes amis de trente-cinq ans qui sont avocats, médecins ou hommes d'affaires poursuivent encore leur ascension, avec peut-être quinze ans devant eux pour progresser, et ils ne savent pas au juste, les bienheureux, à quels sommets ils parviendront. Il est terrible, à cet âge, de connaître complètement ses limites.

Pourquoi les scientifiques atteignent-ils leur apogée plus tôt que la plupart des autres professionnels ? Personne n'en est sûr. À mon avis, ce fait a quelque chose à voir avec la concentration exclusive et le caractère désintéressé de leur recherche. L'habileté à visualiser en six dimensions ou à théoriser le mouvement d'un pendule veut un esprit agile mais ne semble guère avoir de rapport avec quoi que ce soit d'autre. Au contraire, les arts et les lettres exigent l'expérience de la vie, expérience qui s'enrichit et s'approfondit avec l'âge. Un scientifique a toujours pour but de s'accorder en définitive à la logique sans bavure des mathématiques ou du monde physique ; le littéraire a affaire aux gens. À l'intérieur de la science elle-même, on discerne une tendance révélatrice. En allant des disciplines qui relèvent de la science pure et indépendante vers les plus « impures », on s'aperçoit que les contributions décisives surviennent de plus en plus tard. C'est en mathématiques que l'âge moyen pour l'élection à la Royal Society d'Angleterre est le plus bas. En physique, l'âge moyen auquel les prix Nobel ont effectué les travaux pour lesquels ils sont récompensés est de trente-six ans ; en chimie, il est de trente-neuf ans, et ainsi de suite.

Une autre raison est l'énorme pression qui s'exerce sur vous, passée la trentaine, pour que vous assumiez des tâches administratives ou de conseil qui vous laisseront peu de temps pour faire autre chose. De telles pressions s'exercent aussi, bien sûr, dans d'autres professions, mais il me semble qu'elles surviennent plus tôt dans des disciplines où le talent s'épanouit plus tôt qu'ailleurs. Bien que la direction de recherche exige des aptitudes particulières, ce qui décide de votre réputation – et de l'offre d'un poste de ce type – c'est votre contribution personnelle sur la question. Comme dans bien d'autres professions, les charges de direction et d'administration, conférées pour reconnaître des réussites passées, risquent de tuer dans l'œuf celles qui sont à venir. On peut, certes, décliner poliment ces honneurs, mais la tentation d'accepter se fait plus pressante quand on est moins impatient de foncer dans une recherche nouvelle.

Quelques-uns de mes collègues ruminent comme moi ce moment du passage, beaucoup d'autres en sont inconscients, et beaucoup s'embarquent gaiement dans l'administration et dans l'enseignement, sans un regard en arrière. Les commissions consultatives nationales, par exemple, ont leur utilité pour la communauté professionnelle et pour le pays dans son ensemble, en permettant à des savants émérites de faire part à la société de leur savoir spécifique. La rédaction de manuels peut donner des satisfactions et fournir le terreau où des idées nouvelles pourront prendre racine. La plupart des gens tentent en même temps de poursuivre d'une manière ou d'une autre des activités de recherche. Une de leurs stratégies favorites consiste à constituer progressivement autour d'eux de larges groupes de disciples, insufflant leur sagesse à une jeunesse imaginative et jouissant, peut-être, des plaisirs de l'autorité. Les savants qui ont du charisme et sont doués pour diriger jouent ainsi un rôle très important. Une autre tactique, plus subtile, consiste à tenir seul les rênes en réduisant peu à peu la taille du cheval. (On y arrive aisément en restreignant son domaine de compétence pour rester « l'expert mondial ».) Ou simplement à tracer son sillon comme lorsqu'on était jeune, conscient ou non que la lumière baisse. Un centième des scientifiques, ceux qui ont véritablement éclairé la question dont ils traitent, peuvent continuer dans cette voie et faire du bon travail jusqu'à un âge avancé.

Aucune de ces activités ne m'offre une issue agréable. Je ne me fais pas d'illusions sur mes exploits scientifiques, mais j'ai eu mes heures mémorables et je sais ce qu'on ressent lorsqu'on débrouille un mystère que personne n'avait compris jusque-là, seul à son bureau avec seulement un crayon et du papier, en se demandant comment c'est arrivé. Cette magie est irremplaçable. J'ai dirigé un été un congrès d'astrophysique. Quand j'ai réalisé que presque toutes les communications excitantes émanaient de jeunes ambitieux dans les vingt-cinq ans, qui jonglaient avec leurs calculs et leurs hypothèses, ralentissant à peine pour citer leurs prédécesseurs, j'aurais sans hésitation échangé ma place contre la leur. C'est l'aspect créateur de ma profession qui me passionne, pas son enseignement ni son administration. À cet égard, je partage l'avis du grand mathématicien G. H. Hardy qui a écrit (à soixante-trois ans) : « La fonction d'un mathématicien, c'est de faire quelque chose, de prouver de nouveaux théorèmes, d'ajouter aux mathématiques, et non de parler de ce que lui ou d'autres mathématiciens ont fait. »

Enfant, j'aimais rêver le soir dans mon lit de tout ce que je pourrais faire plus tard, me demander si je serais ceci ou cela et, le plus délicieux là-dedans, c'était l'infini des possibles, le scintillement devant moi d'années imprévisibles. C'est cette perte qui m'afflige. D'une certaine façon, j'ai eu, bien malgré moi, un aperçu de ma mortalité. Les découvertes individuelles de territoires nouveaux se font plus rares aujourd'hui. Le sachant, je pourrais trouver d'autres manières de me rendre utile. Mais trente-cinq ans de plus à diriger des étudiants, à participer à des commissions, à rendre compte du travail d'autrui, c'est trop social, si j'ose dire. Quelque profession que nous choisissions, nous devons tous fatalement rencontrer nos limites personnelles. Dans la science, cela se produit quand on est encore jeune, absurdement jeune, avec encore beaucoup de vie devant soi. Certains de mes aînés qui sont passés par le même examen de conscience me disent que je surmonterai mon désarroi avec le temps. Je me demande comment. Rien dans mes fragiles rêves d'enfance, dans les encouragements et les grands projets de mes parents, dans l'éducation que m'ont données les meilleures écoles, ne m'a préparé à être si tôt un ancien, à me figer à trente-cinq ans.

LA VISITE DE M. NEWTON

Un jour de la semaine dernière, j'étais assis dans mon bureau au Centre d'astrophysique de Cambridge, je venais une fois de plus de jeter à la corbeille des calculs qui ne menaient à rien et j'implorais les muses de m'envoyer quelques idées nouvelles quand Isaac Newton entra. Je le reconnus tout de suite d'après ses portraits.

– Comment avez-vous trouvé l'adresse ? demandai-je, légèrement surpris.

– Quelqu'un m'a dit que vous étiez juste au sud de l'Holliday Inn sur Massachusets Avenue.

Newton prit place, l'air sérieux, sur la chaise réservée aux visiteurs.

– Bon, que puis-je faire pour vous ? J'ai un excellent petit cours de rattrapage en optique, mais ça va vous coûter.

J'étais d'humeur geignarde.

– Vous vous la couliez douce, vous autres. J'aime mieux vous dire qu'aujourd'hui, la recherche scientifique, c'est autrement plus dur. Pour commencer, si j'ai une bonne idée, quelqu'un d'autre y a toujours pensé avant. Et ne parlons pas des crédits : c'est lamentable. On a du mal à obtenir le matériel indispensable. Je voulais payer à ma secrétaire un petit traitement de texte pour taper et corriger les manuscrits, mais la National Science Foundation ne veut pas lâcher un centime. Et d'ailleurs, qui trouverait du temps pour faire de la recherche alors qu'il faut se tenir au courant de tout ça ? dis-je, le désespoir dans la voix en désignant les piles de journaux à lire qui s'élevaient sur mon bureau, sur le parquet, sur le rebord de la fenêtre. Ce devait être un bonheur de faire de la science quand il se passait moins de choses.

– Ce qui vous manque, c'est une autre peste, suggéra Newton. Je n'ai jamais aussi bien travaillé qu'en 1665 et 1666, quand l'université avait fermé et que tout le monde était sur le flanc.

L'air ennuyé, il se leva pour aller fouiner dans mon bureau, hésita devant les deux grenouilles empaillées et vernies jouant aux dominos que j'avais ramenées d'Acapulco et, finalement, tomba en arrêt devant la bibliothèque. Il commença à feuilleter le manuel de calcul différentiel et de géométrie analytique.

– Diable ! Je croyais avoir coiffé Leibniz au poteau. Je vois qu'on lui attribue toujours la moitié du mérite.

Le téléphone sonna. C'était Gruenwald à l'université du Minnesota, que je cherchais à joindre depuis des jours.

– Il y a un autre problème, dis-je en raccrochant. Comment se tenir au fait des travaux actuels quand les gens ne prennent pas la peine de vous rappeler ?

Je m'aperçus que Newton lorgnait des équations gribouillées, presque ensevelies sous d'autres papiers, au bord de mon bureau.

– Qu'est-ce que c'est que ça ?

– Ah, ça... Je m'intéresse à la radiation électromagnétique que produit une mince nappe de gaz en orbite hyperbolique autour d'une étoile à neutrons.

– Je vois, dit Newton en relevant la manche de sa robe qui trempait dans ma tasse à café. Et quels phénomènes naturels vos calculs permettent-ils d'expliquer ?

– Heu... Il s'agit d'un problème théorique, bien sûr. Mais ces calculs devraient permettre de tester l'effet Ludwick-Friebald, répondis-je finement. Un étudiant qui prépare son doctorat à Cincinnati attend mes conclusions avec beaucoup d'intérêt.

– Broutilles. Rien d'important n'est donc sorti depuis mes *Principia* ?

Newton était sévère, mais j'allais tâcher de l'impressionner.

– Voyons un peu. Darwin a montré que les espèces évoluent grâce à la survie des plus aptes. Einstein a découvert que l'écoulement du temps est relatif à l'observateur. De Broglie, ainsi qu'Heisenberg et Schrödinger ont trouvé que les particules se comportent en fait comme des ondes et peuvent se trouver à plusieurs endroits en même temps. Watson et Crick ont découvert la structure porteuse du schéma qui commande la reproduction héréditaire. Nous avons inventé des outils ultrarapides de calcul mathématique. On les appelle ordinateurs et ils sont en train de transformer graduellement la société. Et des hommes ont récemment marché sur la lune.

– Du fromage ?

– Non, désolé. Je crains que votre théorie là-dessus n'ait pas tenu le coup. Oh, j'allais oublier ! Il y a plusieurs années, des types ont inventé une machine à mouvement perpétuel : ça s'appelle la théorie économique de l'offre.

Je lisais à nouveau de l'impatience dans le regard de Newton et je me rendis compte que j'allais laisser passer ma chance. Tout ce qu'il me fallait, c'étaient quelques idées profondes. Franchement, l'effet Ludwick-Friebald commençait à m'ennuyer. J'aurais adoré faire une entrée désinvolte à la prochaine réunion de la Société américaine de physique, armé d'équations nouvelles et brillantes et leur prouver que j'étais quelqu'un, après tout.

– Ecoutez, monsieur Newton, dis-je, voici un bloc-notes et un crayon. Je vous aurais beaucoup de reconnaissance si vous vouliez bien consigner à mon intention une ou deux conclusions originales. Quelque chose comme une quatrième loi du mouvement. Ou peut-être une nouvelle théorie de l'élasticité.

Newton s'assit à mon bureau, écartant d'un revers de main les dix derniers numéros du *Journal d'astrophysique*, et resta muet pendant plusieurs minutes.

– Eh bien oui, j'ai quelque chose pour vous. J'ai honte de l'avouer, dit-il, penaud, mais j'ai commis une erreur dans ma loi de la gravitation universelle. La force de la gravité varie de façon inversement proportionnelle au cube de la distance, pas au carré de la distance.

– Vous plaisantez !

– Non. Il fallait que ça sorte. Vous êtes le premier à qui j'en parle.

C'était énorme. Si énorme, en fait, que je ferais bien de garder le secret là-dessus, le temps de l'exploiter au maximum avant d'en faire part aux collègues. Fernsworth, à Princeton, en serait vert de jalousie. Il faudrait à coup sûr finir par en parler à la N.A.S.A.. Et au Pentagone, avant que les Russes ne sachent. À bien y réfléchir, l'affaire serait classée top secret dès qu'on en aurait dit deux mots.

– Comment avez-vous compris que vous vous étiez trompé ? demandai-je après avoir repris mon sang-froid.

– Au golf, je n'arrivais pas à comprendre pourquoi tous mes coups de longue distance déviaient fâcheusement vers la droite, malgré tous mes calculs et mes tentatives pour compenser. Finalement, j'ai conclu qu'il y avait forcément quelque chose qui clochait dans mes principes de base, j'ai repris le problème à zéro et j'ai déduit cette loi du cube de la distance. J'étais trop gêné à l'époque pour en parler à quiconque.

J'émis tout bas un long sifflement. C'était encore plus gros que ce que j'avais cru. Palmer, Nicklaus, les champions. Ils pourraient sans doute abréger leur parcours de cinq coups s'ils savaient ce que je savais maintenant. Les implications de cette loi donnaient le vertige.

– Je vous avertis, dit Newton, que je ne réponds pas des conséquences. *Hypothesis non fingo.*

– Je comprends.

Mon esprit s'emballait. Des pièces commençaient à s'ajuster. Des phénomènes mystérieux qui m'avaient toujours intrigué prenaient sens tout d'un coup. Je pouvais expliquer pourquoi tante Bertha avait toujours tant de mal à se lever de table après dîner. Pourquoi mon pantalon que je pliais et posais sur la chaise de ma chambre chaque soir glissait par terre chaque nuit. Plus j'y pensais, plus la loi du cube de la distance semblait irréfutable.

Newton s'appuyait au dossier de son siège, exténué. Son regard était vitreux. Je me mis en devoir de remonter le moral à ce brave vieux qui s'était humilié devant moi. Pendant la demi-heure suivante, nous bavardâmes sur des sujets plus légers : un peu d'optique, un brin de cinétique, un doigt d'alchimie. Puis il se leva et, récitant quelques vers de *Paradis Perdu*, sortit de mon bureau.

Une semaine a passé depuis la visite de M. Newton. Pendant deux ou trois jours, la révélation de cette loi du cube de la distance m'a paralysé. L'antigravité. Le ketchup à écoulement instantané. De nouvelles armes de mort. Je ne pouvais pas dormir, je ne pouvais pas travailler.

Enfin, je me suis secoué et je me suis lancé fébrilement dans les calculs. J'ai raté ma première équation, j'ai chiffonné la feuille en boule, je l'ai jetée vers la corbeille à papier, et j'ai recommencé. Du coin de l'œil j'avais noté que la boulette avait rebondi contre le tableau noir, longé un classeur, renversé une des grenouilles d'Acapulco, atterri pile dans la corbeille. Curieux. Cette trajectoire était exactement celle que prédisait la théorie originale de Newton. J'ai posé mon crayon pour faire une boulette de papier. J'ai jeté celle-ci et une autre, et encore une autre. Chaque lancer confirmait l'ancienne loi du carré de la distance. J'ai fait basculer des piles de revues et j'ai chronométré leur chute, j'ai sauté de mon bureau plusieurs fois, j'ai lancé des livres à travers la pièce. Lentement, la vérité têtue a commencé à se faire jour : la théorie originale de M. Newton n'avait cessé d'être la bonne. Je présume que tous ces siècles l'ont rendu sénile. On dit bien que c'est dans la jeunesse qu'un physicien est à son apogée.

Le calme est revenu, même si le chaos règne dans mon bureau. Je vais prendre de petites vacances et revenir ensuite à l'effet Ludwick-Friebald. Il n'est sans doute pas important, mais il a bien des chances d'être correct.

ORIGINES

Quand, enfant, je demandai à mes parents d'où je venais, ils me renvoyèrent à l'exemplaire de *La cigogne ne t'a pas apporté* qui nichait dans la bibliothèque du salon et ce fut tout. À un âge où les détails biologiques inspirent encore une crainte respectueuse, je devins physicien. Les physiciens qui, par profession, pensent dans les termes les plus simples possibles, ont leur propre version de l'histoire. Écartant les questions d'ovule et de développement cellulaire, d'évolution des espèces et autres complications, ils descendent jusqu'aux atomes du corps. Leur réponse au : « D'où venons-nous ? » est une enquête sur l'origine des éléments chimiques. Il en ressort que nous sommes tous issus des étoiles, il y a cinq à dix milliards d'années.

Toute matière vivante connue se compose principalement d'hydrogène, de carbone, d'oxygène, d'azote, de phosphore et de soufre. Le carbone, avec la richesse et la variété de ses liaisons chimiques, convient particulièrement bien à la formation de ces molécules complexes dont la vie se nourrit. Les atomes de ces éléments sont constamment convertis et recyclés à travers de multiples avatars dans toute l'étendue de la biosphère terrestre : incorporés aux plantes à partir du sol, avalés par les animaux, inhalés et exhalés, évaporés à la surface des océans, ils retournent au sol, à l'air, à l'eau, et le cycle reprend. Nous échangeons des atomes avec d'autres êtres depuis que la vie a commencé.

Mais d'où sont venus les atomes ? Il se pourrait tout bêtement qu'ils aient toujours été là, dans les proportions que nous connaissons, ce qui met un terme aux interrogations et nous épargne des problèmes difficiles. Beaucoup de données scientifiques suggèrent cependant le contraire. Premièrement, la Terre est radioactive. Les atomes de divers éléments vieillissent et se changent constamment en d'autres atomes par l'éjection et la transformation de protons et de neutrons de leurs noyaux. Par exemple, l'uranium 238 qui comprend 92 protons et 146 neutrons se change en thorium 234 par l'émission simultanée de deux protons et de deux neutrons. Le thorium est lui-même instable et se dégrade pour former un nouvel élément, puis un autre jusqu'à ce qu'on arrive au plomb 206. Le plomb, lui, est un élément pondéré et le processus de transformation s'arrête là.

Pendant des années, les chimistes et les physiciens ont établi des recensements de ces familles d'atomes affairées, avec leurs enfants braillards, leurs ados et leurs paisibles citoyens d'âge mûr. On peut tout naturellement supposer que les proportions relatives de ces éléments ont été différentes dans le passé. Mais jusqu'où faut-il remonter ? L'analyse des chiffres observés d'atomes d'uranium comparés à ceux des atomes de plomb, par exemple, a permis de fixer l'âge de la Terre à 4,5 milliards d'années. Nos racines atomiques vont jusque-là, et plus loin encore.

Pour comprendre ce qui se passait il y a si longtemps, nous devons chercher des indices dans les vastes étendues de l'espace, au-delà de notre système solaire, au-delà de notre galaxie de cent milliards d'étoiles, au-delà des galaxies voisines. Quand nous scrutons à travers nos télescopes des galaxies lointaines, à des centaines de millions d'années-lumière, nous les voyons s'éloigner de nous. L'univers est et a été en expansion, les galaxies s'écartant les unes des autres à toute vitesse, comme s'écarteraient des points de couleur sur un ballon qu'on gonfle. Si nous repassons la scène à l'envers, remontant le temps, elle nous suggère qu'il a commencé il y a dix milliards d'années environ, dans une explosion initiale qu'on a appelée le Big Bang. Là, les spécialistes eux-mêmes écarquillent les yeux, en dépit de la logique des équations, des ordinateurs et des télescopes.

À ses débuts, l'univers était beaucoup plus dense qu'aujourd'hui. Et il était beaucoup plus chaud, ce qui est normal : comprimez un gaz ordinaire et sa température tend à s'élever. Dans ces débuts et à cette température, aucun des éléments chimiques, à l'exception de l'hydrogène 1 (dont les noyaux sont formés d'un seul proton) n'aurait pu exister. Les protons et les neutrons de n'importe quel noyau complexe se seraient tout simplement évaporés dans la fournaise. Les atomes de carbone et d'azote, par exemple, se seraient désintégrés en protons et en neutrons indépendants à des températures dépassant les 2 000 milliards de degrés Fahrenheit. Selon la théorie cosmologique, c'était le cas jusqu'à un dix-millième de seconde après le Big Bang. Autant que nous le sachions, l'univers nouveau-né ne contenait qu'un gaz de particules subatomiques inorganisées. Les atomes, les étoiles, les planètes et les vivants restaient à venir.

Avec des rudiments de thermodynamique, un peu de cosmologie et quelques informations soufflées par les physiciens nucléaires, nous avons situé l'origine des éléments quelque temps après les débuts de l'univers mais avant la formation de la Terre. Où et quand l'événement a-t-il eu lieu ?

Les acquis de la physique nucléaire indiquent que, partant d'un gaz chaud de protons et de neutrons indépendants, la synthèse d'atomes complexes s'effectue suivant une généalogie où les atomes les plus lourds naissent des plus légers. Puisque la température et la densité de l'univers en expansion primitif ont décru très vite avec le temps, il n'y a eu qu'une brève période, quelques minutes après le Big Bang, où les conditions convenaient à la création des éléments. Plus tôt, toute association de deux particules ou plus se serait évaporée ; plus tard, les particules subatomiques auraient manqué de l'énergie nécessaire et auraient été trop éloignées les unes des autres pour que la fusion se produise aisément. Selon des calculs théoriques, la formation d'éléments dans cet intervalle décisif n'a pas été au-delà de l'hélium 4 (deux neutrons et deux protons), l'élément le plus léger après l'hydrogène.

La proportion supposée d'hélium produit, quelque vingt-cinq pour cent de la masse des protons et neutrons initiaux, cadre à merveille avec les constatations actuelles sur l'abondance de l'hélium dans le cosmos. Fort bien, mais qu'en est-il, alors, du carbone, de l'oxygène et des autres éléments ?

La réponse, telle que nous la comprenons à présent, a commencé à se formuler en 1920, quand l'éminent astronome britannique Sir Arthur Eddington a émis l'hypothèse que le soleil et les autres étoiles tiraient leur énergie de réactions de fusion nucléaire. C'est la même source d'énergie qui se libère, à des fins terrifiantes, dans nos bombes à hydrogène. Au cœur des étoiles, les densités et les températures peuvent s'élever suffisamment pour faire fusionner des éléments légers en éléments plus lourds, très loin de la simplicité de l'hélium. Les observations qu'on a pu faire sur les masses, les températures et les luminosités des étoiles concordent avec les modèles théoriques et apportent une confirmation indirecte à l'hypothèse de telles réactions nucléaires. Voilà l'histoire véridique que vous conteront les adultes, physiciens et astronomes.

Des preuves plus directes de l'activité des étoiles dans la production d'éléments nous sont fournies par l'analyse des débris qu'elles éjectent en explosant. Au cours de telles explosions, qu'on appelle supernovae, les réactions nucléaires se déroulent à un rythme ultra-rapide ; ce sont à la fois les éléments produits in extremis et ceux qui se sont élaborés plus à loisir dans la phase précédente d'évolution de l'étoile qui sont projetés dans l'espace et offerts à nos observations. L'analyse des couleurs révélatrices de la lumière émise par les débris stellaires indique la présence en foule d'éléments lourds, dans les proportions relatives prédites par les physiciens nucléaires.

Les premières étoiles pourraient avoir commencé à se former il y a longtemps, quand l'univers n'avait qu'un million d'années. En fait, il existe d'énormes différences d'âge entre les étoiles. Il en naît constamment de nouvelles. Des étoiles relativement jeunes, comme notre soleil et le système planétaire qui l'entoure, se sont constituées par condensation à partir de gaz enrichis de fragments à la dérive d'étoiles ancestrales, de gaz enrichis en éléments lourds.

Tandis que nous vaquons à nos besognes quotidiennes sur cette petite planète, nous ne sentons guère la parenté qui nous unit à ces points lumineux, au loin. L'hydrogène et l'hélium exceptés, tous les atomes qui nous composent, nous et notre biosphère, sont pourtant nés, dans l'espace, des réactions nucléaires de quelque étoile défunte.

UNE JOURNÉE DE DÉCEMBRE

Peu avant six heures du matin, le jeudi 6 décembre 1979, un chien que son maître avait lâché dévala en jappant l'Embarcadero Road de Palo Alto, tourna sur la droite à Waverley et s'arrêta, épuisé et blasé, près du coin de Santa Rita Avenue, ayant réveillé tous les dormeurs à portée de voix. Il faisait encore noir. Sur le trajet de l'animal les lumières s'allumaient l'une après l'autre, les gens attrapaient à tâtons leurs robes de chambre et allaient aux toilettes. Une nouvelle journée commençait.

À sept heures et demie, University Avenue s'emplit d'étudiants pédalant vers les premiers cours du matin. Sur le seuil d'une des grandes maisons de Waverley voisines de l'université, une femme d'un peu plus de quarante ans, vêtue d'un élégant tailleur de tweed, cria à son mari : « George, n'oublie pas le livre de jardinage pour Betty. » George, en costume rayé, fit un signe de tête affirmatif et démarra en direction de son bureau à Silicon Valley.

Un couple d'heures plus tard, dans la maison qu'il avait louée sur Camino a Los Cerros, Alan Guth sortit du lit, mangea deux œufs durs, et dit au revoir à sa femme et à son fils (qui, la veille, avait dit pour la première fois : « Papa maison »). Enfourchant son dix-vitesses, parfaitement entretenu moyennant quelques visites à la Maison du Cycle de Palo Alto, il gagna Sharon Road, vers le sud-est, tourna à droite, fila devant le centre commercial, tourna à gauche dans Sharon Park Drive, à droite sur Sand Hill Road, et se trouva sur le territoire du Centre de l'accélérateur linéaire de Stanford. Son bureau se situait à l'angle nord-est du troisième étage du laboratoire central, dans le groupe théorie. Guth était un physicien de trente-deux ans.

Il était maintenant dix heures et demie. Des étudiants et des gens aux allures d'étudiants flânaient déjà à Printer's Inc., une librairie sur California Avenue, avec son café et sa musique classique en fond sonore. Un homme bien en chair en costume de velours côtelé feuilletait *Régime pour une petite planète*, se demandant ce qu'il allait pouvoir servir à son dîner végétarien.

Dans la rue, dehors, il faisait beau, pas un temps de saison. L'élégante en tailleur de tweed, partie choisir un nouveau papier peint, rebroussa chemin pour rentrer se changer et mettre quelque chose de plus léger. Le type de la météo avait prévu de la pluie. Elle pressa le pas. Depuis sept ans, elle avait assez vu ce vieux papier peint, avec ses carrés bordeaux de douze centimètres de côté pris dans une broussaille de diagonales jaunes.

Guth commença par prendre un café. Avec ses collègues du troisième, il partageait une cafetière communautaire, pour trois dollars par mois et par personne. Vers midi, ayant passé un coup de fil anxieux au sujet d'un job possible pour l'année à venir, il partit déjeuner avec deux amis au New Leaf. De retour au bureau, il écrivit quelques lettres – comme toujours au stylo Radiograph, avec son tracé net et hardi – et discuta ensuite avec un collègue d'unipoles magnétiques et de cosmologie. À six heures, il pédalait sur le chemin du retour. Cedar, Camino de Los Robles, Monterey, Manzanita, Camino a Los Cerros. Il connaissait les raccourcis. En un quart d'heure, il était chez lui. Il dîna avec sa femme d'un steack grillé à point et, ensuite, tous deux firent la lessive. Il était à court de sous-vêtements.

Pour son dîner végétarien, l'homme en velours côtelé s'était surpassé. La soirée finie, il s'affala sur son divan, à bout de forces, laissant les assiettes sales et les ramequins en émail des soufflés s'empiler un peu partout dans la cuisine. Une demi-heure de télévision l'aiderait à se détendre avant d'aller se coucher. Clic. Une pub pour de l'encaustique.

Dehors, au-dessus de Palo Alto, le ciel d'un bleu profond virait au noir. Plus haut encore, des étoiles sans nombre trouaient silencieusement la nuit. À un moment entre onze heures et minuit, Guth, assis à son bureau, avec juste son stylo et du papier, découvrit la preuve mathématique que, contrairement à ce qu'affirmaient les théories précédentes, l'univers nouveau-né d'il y a dix milliards d'années avait connu une expansion d'une rapidité inimaginable, juste après laquelle était apparue la matière dont seraient faits les atomes, les galaxies et les gens.

LE PROGRÈS

Voici plusieurs années déjà que des amis et des collègues me reprochent, de plus en plus aigrement, de ne pas être sur le réseau électronique. Les scientifiques veulent m'envoyer leurs données sur E-mail. Les secrétaires de comités lointains, obligées de recourir au téléphone, me traquent pour obtenir mon adresse E-mail et sont frappées de stupeur quand j'avoue que je n'en ai pas. Les administrateurs d'université qui organisent des réunions et envoient des messages sur tout le campus en appuyant sur un bouton rechignent à me faire porter des notes d'information ou, pire, à glisser une feuille dans une enveloppe avant de la confier au service du courrier entre départements. J'admets que je suis un casse-pieds. Mais je refuse de me mettre sur Internet, par principe. Je m'accroche à ce dernier bastion face aux assauts d'une technologie débridée qui galope presque aveuglément vers le XXIe siècle.

Depuis deux cents ans au moins, le fonctionnement de nos sociétés se base sur l'hypothèse que toute avancée scientifique ou technologique constitue un progrès. Selon cette façon de voir, si un nouvel alliage peut faire passer la transmission de données de 10 millions à 20 millions de bits par seconde, il faudrait le créer. Si un nouveau plastique est deux fois plus résistant, à poids égal, que celui d'avant, il faudrait le produire. Si une voiture nouvelle peut accélérer deux fois plus vite que le modèle actuel, il faudrait la construire. Tout ce qui est technologiquement faisable trouvera nécessairement une application et nous sera bénéfique.

Cette course forcée à la modernisation a sans doute été lancée au début de la révolution industrielle, même si l'idée trottait déjà dans les esprits auparavant. Comme chacun sait, les inventions techniques du XVIIe siècle comme le métier à tisser Jacquard et la machine à vapeur, ont extraordinairement accru la productivité, avec les bénéfices financiers qui en découlaient. Les métiers Jacquard multipliaient au moins par dix le rendement des tisserands, et les machines n'étaient jamais fatiguées. Les machines à vapeur qui allaient, comparées à l'homme ou au bœuf, jusqu'à centupler la puissance produite en fonction du poids, ont fait de l'Angleterre un géant industriel et économique. De tels succès conduisaient tout naturellement à identifier technique et progrès.

Mais cette équation ne se bornait pas, loin de là, à affirmer la liaison, évidente, entre technique et améliorations matérielles. Le concept de progrès a été au siècle dernier un thème intellectuel et culturel majeur, nourri non seulement par la révolution industrielle mais par la nouvelle théorie de l'évolution. Nombre de savants et de profanes, à l'époque, interprétaient l'évolution biologique comme une progression des formes inférieures aux formes supérieures, avec l'être humain pour couronnement. Par extension, ils croyaient que les forces naturelles (biologiques) et nos savoir-faire (techniques) conjugués allaient conduire avec le temps à une société plus développée, mieux organisée et plus morale. Le progrès faisait évidemment partie de notre destin. Des écrivains, des philosophes, des penseurs des questions sociales se rallièrent à ces généralisations. Suivant les idéaux des Lumières, le progrès incluait nécessairement des avancées sociales et politiques. Ainsi, le roman célèbre d'Edward Bellamy, *Looking Backwards* (« Un regard en arrière »), publié en 1888 et situé à Boston, décrit l'organisation sociale et industrielle idéale que nous promet le futur.

Au XXe siècle, le concept de progrès a changé, en se liant de plus en plus étroitement à la technologie et à ses grands systèmes déshumanisés. Lors de l'Exposition universelle de 1939, à New York, on pouvait lire ce qui suit dans la brochure publicitaire de la General Motors pour son stand futuriste : « Depuis l'aube de la civilisation, le transport et la communication ont été les clés du progrès de l'homme, de sa prospérité, de son bonheur. » D'un seul coup, technologie, progrès et bonheur étaient devenus indissociables dans une irrésistible utopie.

Aujourd'hui, à la fin du XXe siècle, se pose une question cruciale : le développement technologique améliore-t-il fatalement la qualité de vie ? S'il n'en est rien, nous devons nous demander de quelles possibilités de tri et de régulation dispose notre société, étant donné la puissance exorbitante des forces capitalistes qui entrent en jeu. Le problème est terriblement difficile pour plusieurs raisons, dont la moindre n'est pas la nature subjective de ce qu'on appelle progrès et qualité de vie. En quoi consiste le progrès ? Davantage de bonheur pour les humains ? Davantage de confort ? Des communications et des moyens de transport personnels plus rapides ? Moins de souffrance ? Une vie plus longue ? Même si l'on parvient à définir le progrès, il n'est pas si simple de le mesurer et de décider des techniques qu'il requiert. S'il s'agit de bonheur, qui a jamais démontré que les gens du XXe siècle sont plus heureux que ceux du XIXe ? S'il s'agit de confort, comment va-t-on mettre en balance le confort à court terme de l'air conditionné avec le confort à long terme d'un environnement préservé de la pollution ? Si le progrès, c'est de vivre plus longtemps, pouvons-nous jamais abréger les souffrances d'un mourant ?

Il faudrait être stupide pour soutenir que l'invention technique n'améliore que rarement la qualité de vie. L'éclairage électrique a élargi le champ d'innombrables activités humaines, des lectures tardives aux compétitions d'athlétisme en nocturne. Les découvertes médicales – la théorie de la contamination bactérienne, les programmes de santé publique, la mise au point d'antiseptiques efficaces, entre autres – ont indiscutablement réduit la souffrance physique et considérablement accru nos chances de vivre longtemps en bonne santé.

Mais on peut aussi objecter que les avancées technologiques ne nous assurent pas toujours une vie meilleure. Faisant impasse sur des problèmes écologiques bien connus comme l'effet de serre, les trous dans la couche d'ozone et le traitement des déchets nucléaires, j'examinerai un phénomène plus subtil : celui des communications à grande vitesse. On voit déjà au restaurant des gens parler dans leur téléphone portable tout en dînant. D'autres emportent des modems en vacances, de manière à ne jamais perdre le contact avec leur bureau. Ou reprenons l'exemple de l'E-mail par lequel j'ai commencé. L'E-mail a des avantages indéniables. Il est plus rapide que le courrier classique, moins cher et moins dérangeant que le téléphone. Il peut favoriser le dialogue entre des communautés éloignées et encourager des taciturnes à participer, via les terminaux, aux échanges. Mais, à mon sens, il contribue également à la hâte, à l'irréflexion, au sentiment d'urgence artificiellement entretenu qui caractérisent de plus en plus notre monde. Le volume quotidien des communications par E-mail enfle démesurément. Un avocat de mes amis dit qu'il passe la moitié de son temps de travail à faire le tri parmi des messages électroniques sans intérêt pour en venir à ceux, bien peu nombreux, qui importent. Certaines communications prennent invariablement cette forme : « Prière de ne pas tenir compte de mon dernier message. » Preuve que la facilité et la vitesse poussent à l'étourderie. Quand les messages nous arrivent si promptement et si aisément, nous sommes fatalement entraînés à répondre aussitôt de même. Sans avoir fait d'enquête, je soupçonne la hâte à émettre et à répondre par E-mail d'être à l'origine de décisions erronées. Mais, surtout, c'est une mentalité de fast food qui tend à se généraliser avec la transmission éclair de nos pensées et de nos réactions. Nous nous asphyxions. Nous bradons nos ressources de méditation. Nous pourrions même, paradoxalement, être en train d'entraver le progrès.

L'E-mail, bien sûr, n'est qu'un exemple. Il dépend de chacun d'en user ou d'en abuser. Mais il est représentatif d'autres techniques en développement, comme l'ingénierie génétique, les plastiques jetables, les plus modernes appareils d'assistance respiratoire et les réseaux informatiques. Beaucoup d'entre elles auront certainement des conséquences bienfaisantes. Mais la question n'est pas là. Dans sa course en avant, la technologie moderne ne se soumet pratiquement à aucune évaluation, à aucun contrôle. Bien sûr, on trouve nombre de penseurs et d'écrivains qui n'ont pas attendu pour s'inquiéter du destin qu'une science et une technologie sans frein risquaient de nous préparer. Mary Shelley, dans *Frankenstein* (1818), se préoccupait certainement des dilemmes éthiques posés par la vie artificielle. C'est aussi le cas d'H. G. Welles dans *L'île du docteur Moreau* (1896) où un chirurgien diabolique fabrique des créatures mi-hommes mi-bêtes. Dans *Walden* (1854), Thoreau a écrit : « Nous ne prenons pas le train ; c'est lui qui nous prend. » Plus récemment, en 1985, le héros de *White Noise* (« Bruit blanc ») de Don DeLillo est exposé aux effluves empoisonnés d'un nuage chimique et subit ensuite une torture mentale encore bien pire à cause d'un système médical informatisé qui lui annonce à tout instant ce qui va lui arriver. Mais ces avertissements n'ont pas souvent été entendus. Ce n'est pas simplement à cause des forces économiques considérables qui propulsent aujourd'hui une machine folle. On dirait plutôt que nous entretenons, peut-être subconsciemment, la conviction qu'on « n'arrête pas le progrès ».

Je ne suis pas d'avis de censurer de quelque manière que ce soit la recherche fondamentale. La compréhension du fonctionnement de la nature et de la place que nous y occupons exprime pour moi ce que nous avons de plus noble et de meilleur. Quant à ses applications techniques, je n'y suis pas systématiquement opposé : j'en tire beaucoup de profit. Mais nous ne pouvons pas dissocier les avancées technologiques d'une prise en compte correspondante des valeurs humaines et de la qualité de vie.

Comment cet examen et cette remise en question peuvent-ils s'opérer ? Je l'ignore. On peut douter de l'efficacité des réglementations gouvernementales. Notre gouvernement, comme d'autres grandes institutions, a investi tout naturellement dans une expansion incontrôlée des techniques. La solution ne peut venir d'en haut. Le problème est culturel. Peut-être devons-nous apprendre à nous limiter. Peut-être devons-nous, chacun, nous interroger sur ce qui est réellement important dans notre vie et décider, parmi les possibilités offertes, de ce que nous allons accepter et refuser. C'est une responsabilité personnelle. À long terme, nous devons transformer nos modes de pensée et réaliser que nous ne sommes pas seulement une société technologique et de production, mais aussi une société d'êtres humains.

$I = V/R$

J'ai été plutôt contrarié récemment en ouvrant une revue de physique vieille d'un an de découvrir que deux Japonais s'étaient attaqués au problème que j'achevais de résoudre, parvenant exactement aux mêmes résultats que moi. Ce problème, d'assez peu de conséquence, maintenant que je réfléchis stoïquement à mes équations devancées, concernait la distribution spatiale qu'affecterait finalement un groupe de particules de masses différentes soumises à des interactions réciproques de gravitation.

Les théories de la gravitation et de la thermodynamique sous-jacentes aux calculs nécessaires pour trouver la solution sont incontestablement bien établies et je n'aurais donc pas dû m'étonner, je suppose, de voir que d'autres avaient abouti aux mêmes conclusions que moi. Pourtant, mon pouls s'était accéléré tandis que, notes en main, je vérifiais, chiffre par chiffre, leurs réponses qui concordaient avec les miennes jusqu'à la quatrième décimale incluse.

Quand on s'adonne depuis des années à la recherche scientifique, on finit par être dominé par l'impression qu'il existe, en dehors de nous, une réalité objective, et que diverses découvertes attendent, prêtes à être cueillies comme des prunes sur leur prunier. Si ce n'est pas tel scientifique qui cueille telle prune, le prochain le fera. C'est une étrange sensation.

Cette objectivité de la science lui fournit un appui solide et elle a en même temps quelque chose de déshumanisant. Pour être scientifiquement utile, il faut que toute œuvre individuelle soit calibrée, nettoyée et standardisée. Les résultats expérimentaux ne sont validés que s'ils sont reproductibles ; les hypothèses théoriques ne font autorité que si elles peuvent être généralisées et distillées pour obtenir des équations abstraites, désincarnées.

Qu'on puisse souvent parvenir par des voies différentes à une conclusion identique est pris comme un indice sur l'exactitude de cette conclusion plutôt que sur le rôle de l'expression individuelle dans la science. Et toujours, dans ce domaine, on assiste à une incessante activité de synthèse qui harmonise les idées et les résultats successifs en un tout où les apports individuels viennent se fondre. Cette puissance est impressionnante et rassurante : il serait franchement compliqué d'envoyer un homme sur la lune si la trajectoire du vaisseau spatial dépendait de l'humeur des astronautes ou si la lune courait ça et là à des rendez-vous dont nous ne saurions rien.

Pour les mêmes raisons, néanmoins, la science offre peu de satisfactions à celui qui brûle de laisser dans son œuvre un message personnel, son petit poème à lui, sa sonate inoubliable. On attribue à Einstein cette remarque : si Newton et Leibniz n'avaient jamais vécu, le monde aurait quand même le calcul différentiel mais, si Beethoven n'était pas né, nous n'aurions jamais eu la Symphonie en do mineur.

Les travaux du physicien allemand Georg Simon Ohm (1789-1854) offrent un exemple typique de la manière dont la science se développe. Ohm n'était ni Einstein ni Newton, mais il a fait du bon travail, solide, en théorie de l'électricité. Issu d'une famille pauvre, il avait absorbé avidement les leçons de mathématiques, de physique et de philosophie que lui donnait son père. Sa recherche vraiment importante a été menée, pour l'essentiel, entre 1823 et 1827, alors qu'il enseignait à contrecœur dans un lycée de Cologne. Par chance, ce lycée disposait d'un laboratoire de physique bien équipé. En 1820, Hans Christian Oersted avait découvert qu'un courant électrique passant dans un fil agissait sur l'aiguille d'une boussole, et Ohm se passionna à l'idée de se lancer dans une étude de la question. En ce temps-là, l'équipement électrique était primitif et incommode. Les batteries chimiques, inventées en 1800 par Alessandro Volta et baptisées piles voltaïques, étaient de drôles de machins : dix paires ou plus de disques d'argent (ou de cuivre) et de zinc, séparées par des couches de carton humide. Ohm connecta un fil à chaque pôle d'une pile voltaïque et suspendit au-dessus d'un des fils une aiguille aimantée placée sur un ressort à torsion. Ce dispositif grossier, fonctionnant selon les principes d'Oersted, devait lui permettre de mesurer le courant qui passait dans le fil.

Il compléta le circuit en insérant des fils test, d'épaisseur et de longueur variables, entre les deux extrémités de la batterie, et mesura les variations du courant en fonction des propriétés ou de la « résistance » de chaque fil test.

Dans cette première étude, Ohm avait travaillé par induction, à ras de terre. Il en publia les résultats sous une forme semi-empirique, qui sentait le laboratoire. Certaines formulations quantitatives des données expérimentales, dans ce premier papier de 1825, sont en fait légèrement incorrectes. Ces erreurs allaient bientôt être réparées car Ohm, épris des élégants travaux mathématiques de Jean Fourier sur la conduction thermique, y avait relevé quelques analogies frappantes avec le courant électrique. Sous cette influence, il développa et remania son étude pour lui donner une formulation mathématique plus générale qui ne correspondait pas rigoureusement avec ses données mais qui s'attachait aux analogies avec les travaux de Fourier. Ce fut l'étape de création, décisive.

Les conclusions finales, affirmant entre autres que l'intensité du courant est directement proportionnelle au voltage et inversement proportionnelle à la résistance (ce qu'on appelle dans le monde entier la loi d'Ohm) furent codifiées dans un texte de 1827. Abstrait et propret, il n'était guère évocateur des anciennes veillées passées dans un fouillis de fils, à supplier la pile voltaïque de maintenir un voltage stable.

Quand la théorie complète de l'électromagnétisme trouva une formulation d'ensemble grâce à James Clerk Maxwell en 1864, l'œuvre d'Ohm y fut adroitement cousue, comme une pièce d'une tapisserie géante. En 1900, Paul Drude publia la première théorie microscopique de la résistance des métaux qui donnait enfin une compréhension théorique satisfaisante de la loi d'Ohm. De nos jours, nous appliquons systématiquement cette loi dans la conception de circuits électriques, pour calculer jusqu'à quelle profondeur une onde radio pénétrera dans l'océan, etc. Mais il ne subsiste pas grand-chose d'Ohm dans la formule abstraite I = V/R (l'intensité du courant est égale au voltage divisé par la résistance).

Max Delbrück, physicien passé à la biologie, a dit dans son discours de réception du prix Nobel : « Le message d'un scientifique n'est pas dépourvu d'universalité, mais son universalité est désincarnée et anonyme. Alors que la communication artistique est liée pour toujours à sa forme originale, la communication scientifique est modifiée, enrichie, fondue avec les hypothèses et les découvertes d'autres chercheurs et se mêle au courant de savoir et d'idées qui forme notre culture. » Si Georg Ohm avait été un peintre ou un poète, nous célébrerions aujourd'hui les fuites de sa pile, l'individualisme de son galvanomètre, la disposition minutieuse de ses fils inégaux et de ses récipients de mercure, ou nous revivrions la solitude de ses nuits de célibataire, ses pensées et ses émotions au cours des expériences.

Il me semble que, dans la science comme dans l'art, nous tentons désespérément de nous relier à quelque chose (c'est ainsi que nous rejoignons l'universel). En art, il s'agit des gens, avec leur vécu et leur sensibilité.

Dans la science, il s'agit de la nature, du monde physique, des lois physiques. Il nous arrive de composer le mauvais numéro de téléphone et d'être démasqués plus tard. La théorie du système solaire conçue par Ptolémée, où le soleil et les planètes décrivent autour de la Terre leurs cercles à l'intérieur d'autres cercles eux-mêmes contenus dans des cercles plus grands, est imaginative, ingénieuse et même belle, mais physiquement fausse. Pratiquement incontestée pendant des siècles, elle a été brutalement dynamitée comme un immeuble condamné après la venue de Copernic.

Fort bien. Les scientifiques devront accepter une bonne fois le fait que leur œuvre est finalement vouée à l'impersonnalité. Mais ils ont aussi envie d'être compris comme des hommes. Rendez vous à l'un des nombreux colloques annuels de biologie, de chimie, de physique, et vous y découvrirez une étonnante communauté, où l'on papote dans les vestibules, où l'on disserte avec délices au tableau noir, où l'on se coupe bruyamment la parole pendant les exposés par des remarques pertinentes ou impertinentes. On pourrait difficilement soutenir que de tels rassemblements en chair et en os sont encore nécessaires à la communication du savoir scientifique, étant donné la surabondance asphyxiante des revues universitaires et la commodité du téléphone.

Cette frénésie de réunions a été vue comme une forme de défense des territoires scientifiques, révélatrice de nos vieux instincts. C'est exact mais, à mon avis, il y a plus. C'est là, et non pas dans les équations, si impeccables qu'elles soient, que nous autres, les scientifiques, pouvons nous exprimer personnellement auprès des collègues, savourer un sourire approbateur, faire des conjectures sur le montant du dernier à-valoir de Carl Sagan, et échanger des adresses de bons restaurants. J'y prends parfois autant de plaisir qu'à la recherche scientifique elle-même.

RIEN QUE LA VÉRITÉ

Dans une nouvelle préface à son premier roman, Italo Calvino nous rappelle que les écrivains modèlent la réalité pour l'adapter à leurs fins : ils épurent les paysages, torturent les visages qu'ils ont en mémoire. L'art exige l'interprétation et la mise en scène de l'expérience brute. La science fait de même jusqu'à un certain point. La nature ne se révèle pas aisément, en quelques coups d'œil sur la vérité. Les résultats expérimentaux nous laissent souvent perplexes, quand ils ne nous égarent pas complètement. Sans théorie interprétative, sans projet de l'observateur, les constatations sur le monde physique restent des faits disjoints et dépourvus de sens.

Rien d'étonnant, donc, à ce que l'histoire de la science abonde en préjugés personnels, partis pris philosophiques trompeurs, erreurs de distribution des acteurs. Pour les scientifiques, « préjugé » est un mot sale. Copernic et Galilée sont censés avoir désinfecté ces couloirs qui puaient le moisi. Je soupçonne pourtant tous les chercheurs de s'être rendus, à divers moments de leur travail, coupables de préjugé.

On peut en trouver un exemple inattendu dans l'œuvre de Lev Davidovich Landau, prix Nobel de physique en 1962. Landau a notamment apporté des contributions majeures aux théories du ferromagnétisme, des superfluides, de la supraconductivité, et a proposé la loi fondamentale de conservation charge-parité. Il a été un pionnier de l'école moderne de physique théorique en Union soviétique, révéré par ses collègues. Il était aussi redouté, entre autres choses, pour son acharnement à débusquer sans pitié et à anéantir toute affirmation infondée au cours des discussions scientifiques. On pouvait lire sur la plaque de son bureau de l'Institut physicotechnique d'Ukraine : « L. Landau. Attention, il mord. »

L'une de ses maximes favorites était : « Une ineptie reste toujours une ineptie. » En 1932, alors qu'il avait déjà bouclé plusieurs recherches d'importance, Landau a publié un curieux article de trois pages intitulé : *Sur la théorie des étoiles.* Il s'ouvre sur des lignes prometteuses, se poursuit allègrement par des calculs perspicaces et d'une élégante simplicité, et se clôt sur une ineptie.

Ce qui choque, dans ce texte de 1932, c'est que Landau, sans crier gare et en une seule phrase, écarte un des plus importants secteurs de la physique. L'article propose une exploration théorique de la structure qu'adoptent les étoiles en équilibrant leurs forces gravitationnelles, centripètes, et leurs forces de pression, centrifuges. Pour les étoiles éteintes auxquelles s'intéressait Landau, ces forces de pression centrifuges sont régies par les lois de la mécanique quantique, la théorie de la matière au niveau atomique. En 1932, ces lois avaient été solidement établies et placées, au même titre que la relativité d'Einstein, à la base de la physique moderne. Mais, au désespoir de Landau, ses calculs annonçaient que les étoiles éteintes ne pouvaient éviter de s'effondrer sur elles-mêmes pour peu que leur masse soit légèrement supérieure à celle du soleil. C'est-à-dire que, dans des étoiles mortes d'une masse suffisante, aucune force de pression interne ne peut compenser une pesée gravitationnelle écrasante, ce qui conduit l'étoile à se contracter avec une violence terrible, qui réduit à un point une sphère de plus d'un million de kilomètres. Landau écrit alors : « Puisque, en réalité, ces masses continuent paisiblement à exister en tant qu'étoiles, sans manifester des tendances aussi ridicules, nous devons conclure... que les lois de la mécanique quantique sont violées. » (Sir Arthur Eddington a fait une remarque analogue en 1945, lors d'une réunion de la Royal Astronomical Society où étaient examinés les calculs de S. Chandrasekhar qui, indépendamment de ceux de Landau, conduisaient aux mêmes conclusions sur les étoiles mortes.)

La constatation de Landau était mal fondée. Étrange, de la part d'un savant aussi méticuleux. Les astronomes ont effectivement observé des étoiles très massives qui restaient paisiblement à l'abri de l'effondrement, mais ce n'étaient évidemment pas les étoiles totalement consumées, refroidies, auxquelles ses calculs s'appliquaient.

Les étoiles chaudes et les étoiles froides étaient, en fait, faciles à distinguer d'après leurs couleurs. Dans cette méprise sur la nature de celles qui avaient été observées, nous voyons un miroir tourné non plus vers la réalité extérieure, mais vers l'intérieur. Landau, semble-t-il, a trouvé ses conclusions théoriques (qui, en fait, étaient parmi les premières à annoncer la découverte des trous noirs) si monstrueuses, si révoltantes pour le sens commun, qu'il a préféré abandonner une théorie largement reconnue plutôt que de les accepter. Et cela dans la même prose concise qui, d'habitude, découlait logiquement de ses calculs.

Son article n'est ni le premier ni le dernier exemple de partialité scientifique. En 1917, Einstein a remanié à sa convenance sa théorie de la gravitation de 1915, parce que cette dernière conduisait à un univers dynamique, à un cosmos toujours en mouvement, d'expansion ou de contraction. Depuis Aristote, la nature statique et la permanence de l'univers étaient acceptées par la pensée occidentale aussi naturellement que le passage de la nuit au jour. Aucune observation sûre ne prouvait le contraire. Einstein fut victime de ce parti pris. Ses équations originales étaient impartiales, il ne l'était pas. Il comprit son erreur en 1929, quand l'astronome Edwin Hubble réussit à observer au télescope des galaxies lointaines et découvrit que l'univers était en expansion.

On pourrait pardonner à Landau et Einstein d'avoir trop fait confiance à leur intuition de physiciens. En cours d'étude, les réminiscences de la réalité physique apportent une aide efficace au théoricien, (ce qui distingue fortement les sciences des mathématiques). Quand des résultats aussi totalement insolites que des trous noirs et des univers en expansion surgissent de leurs équations, il arrive que les intellects les plus intrépides battent en retraite.

Dans les sciences d'observation, la partialité peut prendre un tour plus subtil. En 1969, Joseph Weber, de l'université de Maryland, annonça, preuves à l'appui, qu'il avait pour la première fois détecté la radiation gravitationnelle, apparentée, en plus faible, à la radiation électromagnétique, et depuis longtemps annoncée sur des bases théoriques. Au cours de la décennie suivante, d'autres scientifiques répétèrent les expériences de Weber avec des appareils plus sensibles, sans jamais obtenir que des résultats négatifs.

En 1975, P. Bufort Price, de l'université californienne de Berkeley, et ses collaborateurs démontrèrent qu'ils avaient détecté des unipoles magnétiques. Les unipoles magnétiques, s'ils existent, seraient l'équivalent magnétique des particules à charge électrique, comme les électrons, et mettraient électricité et magnétisme sur un pied d'égalité. Nombre de physiciens sont tracassés depuis longtemps par l'absence apparente d'unipoles magnétiques. Une théorie de ces particules est sur le métier depuis 1931. Mais Price avait presque certainement mal interprété ses données, comme des analyses ultérieures l'ont montré. Weber et lui pourchassaient leur gibier avec ardeur. Dans la science, comme dans d'autres activités, on a tendance à trouver ce qu'on cherchait.

Faut-il s'en étonner ? Après leur journée de laboratoire, entre le ronronnement des appareils et le silence des équations, les scientifiques rejoignent le monde des autres humains. Écoutez-les présenter les résultats de leur recherche dans quelque congrès. S'ils y ont vraiment participé de tout leur être, vous n'assisterez pas seulement à un compte-rendu des données et des procédures. Vous avez bien des chances d'entendre un commentateur passionné, l'avocat d'un point de vue particulier, un homme ou une femme qui s'évertue à faire parler aux choses son propre langage. Comme Bacon l'a observé avec sagacité : « L'intelligence humaine n'est pas une lumière sans mélange. Elle est animée par la volonté et les passions. D'où naissent ce qu'on pourrait appeler des “sciences comme il vous plaira”. Car l'homme croit plus volontiers ce qu'il aimerait être vrai. »

Heureusement, la méthode scientifique, avec ses règles légendaires de détachement et d'objectivité, ne dépend pas des comportements individuels des chercheurs. C'est la collectivité des scientifiques qui en est le garant, les expériences répétées pour confirmer ou infirmer un résultat, les théories examinées sous tous les angles par des sceptiques. Les chercheurs peuvent défendre leurs propres idées avec une ferveur malséante, mais ils se font un plaisir de trouver les points faibles du travail d'un collègue. La plupart des préjugés personnels s'écroulent face aux assauts de cette armée d'avocats du diable.

On trouve à l'origine d'hypothèses débridées, un autre facteur auquel la science, même comme entreprise collective, reste vulnérable : la distance considérable qui, dans certains domaines, sépare la théorie de l'expérimentation, laissant de grands pans de théorie dériver et s'échouer pratiquement hors d'atteinte. La théorie de la gravitation d'Einstein a été mise à l'épreuve avec succès dans le système solaire, mais elle comprend aussi des prévisions critiques sur les trous noirs, où la gravité est d'un million de fois supérieure. En biologie, le débat sur l'évolution des espèces par modifications graduelles ou à travers des séries de catastrophes reste en suspens parce qu'une base de données fossiles concluante n'est pas facile à constituer. Les théories scientifiques se maintiennent ou s'écroulent selon ce qu'elles prédisent. Quand les prédictions distancent les possibilités de vérification, on avance en terrain miné. Mes propres prédictions, prudentes, c'est que nous devrons continuer à vivre avec ce problème. Même dans la science, l'esprit peut s'envoler vers des hauteurs où le corps ne peut suivre.

Il y a quelques années, j'ai entendu un discours de remise de diplômes prononcé par Richard Feynman, un prix Nobel qui a parfois travaillé sur les mêmes questions que Landau. C'était par une chaude matinée de juin. Les futurs savants, assis sur des chaises pliantes disposées sur la pelouse, transpiraient dans leur robe noire. Mais personne ne faisait attention à la chaleur. Des centaines de jeunes visages restaient tournés vers le podium, attentifs aux conseils de Feynman. Il disait que lorsqu'on mène une recherche scientifique, lorsqu'on en publie les résultats, on devrait essayer d'envisager toutes les façons possibles d'être induit en erreur. Ses paroles s'élevaient dans l'air épais, se mêlant à la diversité des ambitions et des croyances de l'assemblée. La consigne serait difficile à suivre.

LE TEMPS DES ÉTOILES

Plus d'une fois au cours de la dernière décennie, j'ai été entraîné dans de furieuses discussions sur les énormes crédits alloués à la défense spatiale. Une grande part de ces sommes a été subitement offerte à la communauté scientifique. Devait-elle l'accepter ? À côté des questions éthiques et pratiques, cela pose, à mon avis, le problème de la science appliquée opposée à la science pure.

Je m'inquiète de voir que notre pays perçoit de moins en moins la valeur de cette dernière. Pour prendre un exemple récent, le démantèlement par décision judiciaire d'A.T.T.[1] laisse son groupe de recherche fondamentale, les laboratoires Bell, dans une position vulnérable. Autre exemple : le veto mis par le Congrès à une mission relativement peu coûteuse d'exploration de la comète de Halley qui ne visite le système solaire qu'une fois dans la durée d'une vie humaine. On trouverait certainement

1. American Telegraph and Telephone.

peu de gens pour nier que la science appliquée nous apporte des commodités matérielles, des avantages économiques, le pouvoir de faire la guerre ou la paix. Mais en poursuivant ces buts extérieurs, nous négligeons de plus en plus la recherche désintéressée.

Notre intérêt pour les applications remonte aux origines culturelles et politiques de la nation. En Europe, la science faisait traditionnellement partie de la culture. Un gentilhomme, un savant pouvait lui consacrer sa vie. À l'université de Cambridge, Newton n'avait pas besoin de justifier ses études de physique. Carl Friedrich Gauss, qui a brillamment contribué, au début du XIXe siècle, aux progrès des mathématiques et de l'astronomie, bénéficiait du patronage du duc de Brunswick. Mais, quand la science a démarré en Amérique, vers 1850, les idéaux démocratiques d'un pays jeune exigeaient qu'on rende compte directement de ses activités au public et qu'on soit directement utile à la société. La recherche scientifique trouvait rarement un financement hors du cadre d'entreprises techniques ou à buts utilitaires, comme le Service météorologique des États-Unis, fondé en 1870, la Société d'études géologiques, fondée en 1879, le Bureau national d'étalonnage, fondé en 1901. Peu à peu, la nation a commencé à s'enorgueillir de ses réussites techniques et à s'y identifier (alors qu'elles excluaient par définition la science pure). Le héros scientifique américain, c'est Thomas Edison, et non Willard Gibbs, dont les apports à la théorie de la chaleur ont été fondamentaux. Pendant la Première Guerre mondiale, le grand physicien Robert Millikan lui-même disait que « si les hommes de science de ce pays doivent lui servir à quelque chose, c'est maintenant ou jamais ». Depuis la Seconde Guerre mondiale, bien entendu, notre pays et tous les autres ont pris pleinement conscience du fait que la recherche scientifique peut procurer la puissance militaire.

Depuis la Seconde Guerre mondiale, aussi, la science exige des moyens considérables. Dans bien des domaines, l'époque romantique du pionnier solitaire découvrant les mystères de la nature grâce aux appareils qu'il a lui-même bricolés, est révolue. Les expériences actuelles demandent souvent de grandes équipes et de gros budgets gérés par de lourdes bureaucraties. Certaines opérations ne pourraient être montées sans faire appel au complexe industriel et militaire existant. Et, dans la société en général, tout s'accélère. Soumis à des pressions constantes, nous ne visons plus que la rentabilité à court terme.

Pourquoi notre nation ou n'importe quelle autre subventionnerait-elle la science pure ? Pourquoi financerait-elle une activité qui n'apporte aucun avantage économique ou militaire incontestable ? Une activité qui paraît *inutile* ?

À mon avis, la science pure est précieuse pour plusieurs raisons. En regardant de plus en plus loin dans l'avenir, je dirai qu'elle nous divertit, qu'elle crée le terrain sur lequel s'épanouit la technologie, qu'elle transforme notre vision du monde, et qu'elle nous assure l'immortalité culturelle.

Dans l'immédiat, au jour le jour, nous aimons apprendre du nouveau et, sans aucun doute, la science pure est instructive. En outre, ce qu'elle nous enseigne est « vrai », concerne le monde réel et peut être compris dans ses grandes lignes par tout individu intelligent. Un profane se plaira à apprendre de quoi les comètes sont faites, tout comme il se plaira à assister à un nouveau spectacle de Neil Simon ou à lire le dernier livre de Gabriel Garcia Marquez. Chacun est un consommateur potentiel de science pure. Si celle-ci ne peut vivre de sa distribution commerciale comme le cinéma et la littérature, c'est peut-être parce que le plaisir qu'elle offre est celui de la connaissance. Cependant, cette connaissance apporte un genre de bonheur particulier, et le bonheur des citoyens doit compter pour une nation.

Si la science pure peut sembler inutile au sens courant du terme, elle entraîne toujours, si l'on considère une période suffisamment longue, des gains économiques et technologiques. Si nous cessons de la financer aujourd'hui, il n'y aura pas de science appliquée demain. Les travaux de Darwin sur l'évolution et ceux de Mendel sur l'hérédité des plantes ont posé les bases de la recherche génétique, qui a conduit par la suite à la découverte de l'A. D. N., qui a conduit à l'ingénierie génétique et à l'explosion actuelle de ses inimaginables applications. En découvrant comment un aimant peut produire de l'électricité, Faraday a rendu possible la construction de la première centrale hydroélectrique, cinquante ans plus tard. Personne, cependant, n'avait de tels profits en vue en soutenant les travaux de Darwin, Mendel et Faraday. Ç'a aurait d'ailleurs été impossible. On ne peut pas parier sur les chercheurs en science pure comme sur des chevaux. Mais on peut construire des écuries. Je me souviens d'un roman de Robert Heinlein sur un centre de recherches appelé la « Fondation à long terme ». Cette fondation, à buts non lucratifs, avait été conçue pour les générations futures. Elle avait pris pour devise : « La bouteille à la mer » et se faisait un point d'honneur de subventionner des projets qui ne porteraient éventuellement des fruits que deux siècles plus tard au minimum. Elle était ravie de perdre de l'argent. Malheureusement, les directeurs n'arrivaient jamais à s'acquitter de leur tâche et les projets les plus fous de la Fondation ne tardaient pas à accumuler des profits scandaleux.

J'ai cité une troisième raison qui fait la valeur de la science pure : sa capacité à changer notre vision du monde. Cette qualité est souvent subtile, mais son importance ne saurait être surestimée. Henry Adams l'avait, à mon sens, parfaitement compris quand il écrivit, peu après 1900, que la découverte de la radioactivité par Marie Curie avait soudain fait connaître l'inconnaissable. Depuis l'Antiquité, l'homme occidental vénérait cette ultime unité matérielle : l'atome, indestructible, impénétrable, admirablement insondable. Et voici qu'à la fin du XIXe siècle, Madame Curie découvrait que les atomes de radium projetaient des miettes d'eux-mêmes. Notre vision de la nature ne serait plus jamais la même.

Il pourrait être éclairant de développer davantage deux exemples. Je les choisirai dans l'astronomie, la plus inutile des sciences que je connaisse et celle, aussi, dont je fais profession. En fait, l'astronomie a été jadis extrêmement pratique. Les civilisations anciennes y avait recours pour repérer les saisons, faire les semailles, naviguer. Depuis, elle s'est élevée jusqu'à sa condition actuelle.

Premier exemple : la découverte de Kepler, démontrant que les orbites des planètes sont elliptiques. Avant lui, on s'accordait universellement, depuis des siècles et des siècles, à penser que les orbites des corps célestes étaient circulaires. Selon Aristote dont les opinions sur de nombreux points avaient force de loi dans le monde occidental, le cercle s'imposait naturellement aux mouvements célestes en raison de son unicité et de sa perfection. Seules, des orbites circulaires convenaient aux planètes divines et éternelles. En fait, tout le cosmos aristotélicien se présentait comme une série de sphères en rotation avec la Terre pour centre. Une fois élu, le cercle s'installa pour longtemps. Quand on remarqua plus tard que les planètes ne brillaient pas toujours du même éclat – et ne restaient donc pas constamment à la même distance de la Terre – en parcourant leur orbite, les astronomes inventèrent un système compliqué de cercles combinés à des cercles dans lesquels chaque planète décrivait une petite orbite circulaire autour d'un point imaginaire qui effectuait lui-même un grand voyage circulaire autour de la Terre. Même Copernic, qui a détruit la conception d'un cosmos centré autour de la Terre, s'en tenait obstinément à des orbites circulaires.

Kepler eut la chance d'être l'élève de Tycho Brahe, un riche astronome danois qui passait ses nuits à observer les planètes depuis son île privée. Faits à l'œil nu, les relevés de positions planétaires de Brahe étaient les plus précis qu'on ait jamais notés. Kepler hérita de cette inestimable mine de données aux alentours de 1600. Restait à lui donner un sens. Indépendamment du fait qu'il disposait d'une excellente base de travail, il dut son succès à deux facteurs : il était un copernicien convaincu et il croyait, avec Platon, que la nature obéit à des lois mathématiques simples. Quelles lois gouvernaient les mouvements des planètes ? Quelle était la forme des orbites ? Kepler s'échina à imaginer d'innombrables orbites de cercles composés. Il fut bien obligé de convenir à la fin qu'elles ne concorderaient jamais avec les observations de Brahe. C'est alors qu'il découvrit les ellipses. (Tout artiste sait ce qu'est une ellipse : un cercle vu en perspective.) Une ellipse pour chaque orbite planétaire, c'était aussi bien plus simple que deux cercles. Le cercle intouchable avait été détrôné par l'ellipse, à la fois exacte et économique.

Le succès de Kepler apporta un solide appui au système copernicien qui fait de la Terre une planète parmi d'autres, gravitant autour du Soleil. Nous savons que Newton, dans sa jeunesse, a étudié Kepler. Quand il exposa ses incomparables *Principia* devant la Royal Society de Londres, ceux-ci furent présentés comme une démonstration mathématique de l'hypothèse copernicienne dans la version donnée par Kepler. Les *Principia* de Newton, avec leurs lois du mouvement et de la gravitation appliquées sans fléchir aux pendules et aux planètes, fournirent à leur tour un fondement scientifique à la vision cartésienne de l'univers considéré comme un gigantesque mécanisme d'horlogerie. Après Kepler, Galilée et Newton, la nature était devenue rationnelle.

Mon second exemple de la manière dont la science pure change notre vision du monde est la découverte, assez récente, que l'univers est en expansion. Les galaxies s'écartent à toute allure les unes des autres. Si on inverse mentalement le mouvement observé, en remontant le temps, ces galaxies se rapprochent, se pressent les unes contre les autres ; les étoiles, les planètes et même les atomes sont comprimés en une seule masse en plein bouleversement ; jusqu'à ce que, dix milliards d'années auparavant d'après les meilleures estimations, tout le contenu de l'univers actuellement visible se réduise à un point plus petit qu'un atome. C'est le début de l'univers. Ce qu'on appelle le Big Bang.

Il n'est pratiquement pas de culture dans l'histoire qui n'ait eu ses mythes sur l'origine de l'univers et l'époque où elle a pris place. Beaucoup ont pensé qu'il n'y avait pas eu d'origine du tout. Aristote, par exemple, a avancé de nombreux arguments philosophiques en vertu desquels l'univers devait être immuable et éternel. Un de ces arguments est en substance celui-ci : si l'univers avait eu un commencement à un moment fini dans le passé, il y aurait eu avant ce moment un temps infini où l'univers n'existait pas, tout en ayant la possibilité d'exister. Mais cet univers non-existant n'aurait pu dormir un temps infini dans cet état de pure potentialité. C'est donc qu'il existe depuis toujours, dans l'état d'organisation parfaite que nous lui connaissons. Isaac Newton est arrivé à une conclusion similaire par un raisonnement d'aspect plus scientifique (mais néanmoins trompeur). Si l'univers, disait-il, se dilatait ou se contractait, il y aurait eu nécessairement un centre à ce mouvement. Dans l'espace infini, cependant, aucun point du cosmos ne peut être ainsi privilégié. Donc, l'univers ne peut qu'être éternellement en repos.

La découverte de ce qu'il fait vraiment remonte aux années 20. Grâce à un puissant télescope et à divers autres instruments, l'astronome Edwin Hubble parvint à montrer que les autres galaxies s'éloignaient de la nôtre à des vitesses proportionnelles à leurs distances. Les galaxies les plus proches nous fuient moins vite que les plus lointaines. La situation est tout à fait comparable à celle de points parsemés à la surface d'un ballon en train de gonfler. Considérés depuis chacun de ces points, représentant une galaxie, les autres points paraissent s'éloigner radialement, à des vitesses proportionnelles aux distances. La perspective est la même depuis n'importe quel point, et aucun d'eux n'est le centre. C'est ce que Newton n'avait pas su voir. Il n'avait pas réalisé que l'expansion pouvait avoir lieu autour de *chaque* point de l'espace. Il n'avait pas en tête la bonne comparaison. Il n'était pas tellement bien équipé non plus. Je crois que si Newton, ou Aristote, ou Moïse Maimonide revenaient, ils écouteraient sagement un cours sur l'origine et le mouvement de l'univers.

Il est trop tôt pour mesurer les conséquences de cette découverte. Il est néanmoins certain que notre conception du monde en a été transformée. L'attitude d'Einstein, commençant par se raccrocher à l'idée d'un univers statique, en dépit de ses propres équations cosmologiques qui annonçaient un univers en mouvement, est significative. Pendant des siècles jusqu'à Hubble, la tranquillité majestueuse des cieux a symbolisé l'éternel et l'immuable. Cette image apaisante s'est effacée.

On pourrait citer bien d'autres découvertes encore trop neuves pour être évaluées. Où nous mène le fait d'apprendre que le temps, lié au mouvement des horloges, s'écoule à un rythme variable, ou que toutes les formes de la vie terrestre tirent leurs schémas des quatre mêmes molécules ? Je l'ignore, mais je suis sûr que ces nouveaux savoirs ont commencé à s'infiltrer profondément dans notre culture et à altérer nos manières de penser.

Les découvertes, en science pure, ne concernent pas seulement la nature. Elles concernent aussi les gens. Après Copernic, nous en sommes venus à une vision plus humble de notre place dans le cosmos. Après Darwin, nous avons reconnu de nouveaux parents dans notre arbre généalogique. Nous avons besoin qu'on nous secoue périodiquement. Nous devons périodiquement nous arracher au cycle sans fin des générations qui se succèdent sans éclat, une vie humaine après l'autre. Nous nous sommes immobilisés, il y a quelques siècles, et c'était « l'âge des ténèbres ». Changer de vision du monde contribue à nous libérer.

J'en arrive à présent à l'immortalité culturelle qui, bien sûr, transcende les nations prises séparément. Pour citer Thoreau : « En accumulant des biens pour nous ou pour notre postérité, en fondant une famille ou un état, ou même en atteignant à la célébrité, nous sommes mortels. Mais, dans nos rapports avec la vérité, nous sommes immortels, et n'avons à redouter ni changement ni accident. »

La science pure a affaire à la vérité et c'est le bien le plus précieux que nous puissions léguer à nos descendants. La vérité ne passe jamais de mode. Dans des centaines d'années, quand nous serons las de l'automobile, nous chérirons encore les découvertes de Kepler et d'Einstein, au même titre que les pièces de Shakespeare et les symphonies de Beethoven. La civilisation de la Grèce antique n'est plus, le théorème de Pythagore demeure.

Il y a quelques années, j'ai visité Font-de-Gaume, une caverne préhistorique en France. Les parois intérieures étaient ornées d'images peintes par des hommes de Cromagnon cinq mille ans auparavant, de gracieux dessins de chevaux, de bisons, de rennes. J'ai gardé un vif souvenir de l'un d'entre eux : deux rennes se faisant face, leurs andouillers se touchant. Les deux images sont parfaites et un seul trait fluide, aisé, les réunit en une image unique. La lumière était faible et les couleurs un peu passées, mais j'étais envoûté. Si notre civilisation peut laisser quelque chose de tel à la postérité, elle n'aura pas à en regretter le prix.

UN YANKEE D'AUJOURD'HUI DEVANT UN TRIBUNAL DU CONNECTICUT

Un jour de la semaine dernière, j'ai trouvé dans ma boîte à lettres le récit suivant, écrit par un homme que je connais vaguement.

Si vous rendez visite à la famille Howe de Hartford, dans le Connecticut, vous découvrirez qu'un objet bizarre s'y est anciennement transmis en héritage. C'est un stylo-bille, trouvé parmi les possessions personnelles d'un certain Phineas Howe, qui exerçait la profession d'avocat au siècle dernier. La bille est fêlée, encrassée, mais aucun doute n'est possible : c'est un Bic. Aucun vivant, sauf moi, ne sait comment Phineas a eu ce stylo-bille. Voici mon histoire.

Je suis directeur adjoint d'un grand magasin et j'habite dans la région de Boston. Bien que je passe la plus grande partie de mon temps à me débattre avec les inventaires, je crois avoir une connaissance générale du monde tout à fait convenable. Le 9 août 1985 au soir, je me reposais chez moi d'une longue journée de travail quand je me suis penché en avant pour enlever mes chaussures. J'ai dû heurter l'étagère puisque ma console hi-fi Panasonic a dégringolé et m'a frappé sur la tête.

Quand je revins à moi, je me trouvais étendu dans un pré, non loin d'une route de terre battue. Un homme me considérait du haut de son buggy. Il portait de drôles de pantalons larges avec des bretelles. Tandis que j'entreprenais de me remettre sur pied, il parla.

– New York ?

– New York ? répétai-je en tâtant délicatement la bosse sur ma tête.

– Ouais, New York. Je ne vois pas d'où ces habits pourraient venir, sinon.

– Où suis-je ? demandai-je lentement.

Il me regarda comme si j'étais dingue.

– Derrière l'Armurerie, dit-il.

– L'Armurerie ?

– L'Armurerie Colt. À Hartford.

– Hartford ! criai-je. Quel jour sommes-nous ?

Si j'étais resté plusieurs jours inconscient, j'allais avoir de gros ennuis avec M. Godine, mon patron.

L'homme au buggy secoua la tête et sourit avec compassion.

– C'est lundi, dit-il, lundi 9. Et maintenant, si vous veniez avec moi à l'Armurerie ? Y a un docteur là-bas.

– Vous avez le téléphone ? demandai-je vivement.

– On doit en avoir un pour le jour de l'An. Pour l'heure, on a deux bonnes lignes de télégraphe.

Je montai dans la voiture sans rien dire. L'homme tira sur les rênes, le cheval s'ébroua et nous partîmes au trot.

– À propos, dis-je, je sais que ça peut paraître idiot, mais quel mois sommes-nous ?

– Août, dit mon nouveau compagnon, avant d'ajouter négligemment : dix-huit cent quatre-vingt.

Bientôt, nous fûmes en vue de deux grosses cheminées d'usine vomissant des nuages de fumée, puis de tout un complexe industriel. Il y avait trois bâtiments principaux, hauts chacun de quatre étages, reliés entre eux de manière à former un H. Sur trois côtés, l'usine était bordée par un large chemin de terre et une palissade. Le quatrième côté longeait une rivière. Entre les arbres et les bâtiments, j'arrivais juste à discerner les mâts de ce qui devait être de grands bateaux à vapeur ou schooners à quai.

Nous franchîmes la grande entrée de l'armurerie et parquâmes le cheval et le buggy près d'un autre attelage semblable. Je n'avais pas fait dix pas qu'une foule d'ouvriers, tous vêtus de pantalons larges avec des bretelles, m'entouraient, l'air ébahi. Ou j'étais fou ou c'étaient eux qui l'étaient, et ils avaient la majorité. Je commis l'erreur d'être franc. Quand je leur dis que le 9 août 1985 était le dernier jour dont je me souvenais, ils s'esclaffèrent. Je leur dis où je travaillais et où je vivais. Je commençai à réciter la liste des derniers présidents : « Nixon, Ford, Carter, Reagan... »

– Fais gaffe, lâcha un bourru, si tu ne veux pas qu'on t'embarque pour l'asile d'aliénés.

Je me dis qu'il était temps d'aller gentiment visiter Harford, demandai poliment mon chemin et pris congé. À présent, j'étais pratiquement sûr d'avoir été expédié dans le passé d'un coup sur la tête.

J'étais à près de deux kilomètres du centre ville. J'aperçus en chemin d'autres voitures à chevaux. J'aperçus également un groupe d'où fusaient des acclamations et des huées, comme au départ d'une course. En m'approchant, je vis que c'était effectivement une course : entre un cheval et une bicyclette. Un gamin d'environ douze ans, toque rouge et knickers rayés, avait enfourché la bicyclette, tremblant d'impatience de se lancer. Tout le monde considérait l'engin avec respect, sauf deux ou trois hommes âgés qui en ricanaient.

Je passai. Je dois bien l'avouer, quelques minutes de promenade en ville m'avaient fait oublier mes malheurs. C'était un beau matin d'été et l'air sentait bon. Les rues de terre battue étaient larges, agréables, il y avait peu de circulation et les magasins ne vendaient pas les mêmes choses que d'habitude. La firme Wm. H. Wiley fabriquait ce qu'elle appelait des couvre-guêtres. La Maison du Pruneau médicinal Smith offrait des échantillons gratuits. Tout près de là s'élevaient les fumées d'une énorme usine Pratt et Whitney qui vantait ses machines-outils, ses pièces d'artillerie, son outillage de machines à coudre et de chaudières, garantissant « leur solidité, leur précision et leur parfaite adaptation à leurs fins ». Une autre entreprise arborait un drapeau avec la devise : « De meilleures machines pour une vie meilleure. » Affiché sur la vitrine du rez-de-chaussée, un dessin de « la nouvelle machine parlante de Thomas A. Edison » montrait un long cylindre monté sur un axe aux deux extrémités et sur lequel s'appuyait, au milieu, une espèce de cornet acoustique ou de haut-parleur. Sur l'affiche, une femme souriante, penchée sur l'appareil, actionnait le cylindre à la manivelle.

Las de marcher, j'avisai un banc de jardin et m'y installai. J'étais curieusement euphorique. On sentait le progrès dans l'air. Les techniques fleurissaient. La vie s'améliorait.

Et si je leur montrais ce dont j'étais capable ? J'étais un homme du XXe siècle. Je pouvais leur révéler les merveilles de la technologie moderne. Ils seraient bien forcés de me croire : mon savoir parlerait de lui-même. Et il y avait autre chose. Je recevais des ordres depuis des années. Il était temps d'être le patron. Le sentiment de mon pouvoir me monta à la tête.

Pour mes débuts, l'Armurerie Colt semblait l'endroit le plus indiqué, puisque j'y connaissais déjà du monde. J'y revins en courant et me mis immédiatement en quête d'Amos Plimpton, le type qui m'avait conduit en buggy. Je le trouvai à l'étampage.

– Monsieur Plimpton, dis-je, hors d'haleine, accordez-moi seulement un quart d'heure avec vos meilleurs mécaniciens. J'ai des choses extrêmement intéressantes à leur raconter sur la concurrence. Je vous garantis qu'ils ne perdront pas leur temps.

Par miracle, Plimpton accepta, mû sans doute, en bon Yankee, par son sens des affaires.

Quand une vingtaine d'hommes furent réunis dans

l'atelier de Plimpton, je démarrai. J'avais prévu de commencer par le plus facile, les autos par exemple, avant d'arriver par degrés aux magnétoscopes.

– Messieurs, dis-je, j'aimerais vous parler d'un moyen de transport ultra-moderne qui s'appelle l'automobile. À mon avis, vous disposez vraisemblablement des outils pour le fabriquer, dans cet atelier même.

Silence. Je poursuivis :

– L'automobile a un moteur à essence qui tourne plus vite quand on appuie sur l'accélérateur avec son pied et elle peut vous mener à plus de cent kilomètres à l'heure.

Je souris.

– Comment il marche, ce moteur à essence ? demanda quelqu'un.

– Eh bien, dis-je pensivement, il y a des cylindres et des valves qui s'ouvrent et qui se ferment ; du gaz et de l'air y entrent, s'y mêlent et sont enflammés par des bougies.

– *Des bougies*, elle est bien bonne, dit un autre.

Les hommes se levèrent et commencèrent à quitter l'atelier un à un.

– Il faut me croire, dis-je en gesticulant.

– Qu'est-ce qu'il y a à croire, aboya un ouvrier furieux. Tout ce que tu nous as dit, c'est des noms.

– Je suis de 1985, je suis de 1985, j'ai des choses à vous apprendre ! criai-je.

– Plimpton, dit quelqu'un, appelle la police. Le gars est fêlé. La police s'en débrouillera.

Et c'est ainsi que je fis la connaissance de Phineas Howe. Quand la police voulut me boucler, ce premier après-midi à Hartford, j'exigeai un procès. À l'issue d'une scène où je me débattis comme tous les diables en débitant le texte d'amendements institutionnels inconnus, on me relâcha, me laissant à la garde de Plimpton qui se sentait, étrangement, responsable de moi. Le procès fut fixé au 16 août et Plimpton me logea généreusement chez lui en attendant. Phineas Howe, à son insu et contre son gré, fut désigné pour me défendre.

Deux jours plus tard, je le rencontrai dans son bureau pour préparer notre dossier. La cinquantaine, un grand type légèrement voûté, bedonnant, avec une tignasse ébouriffée. Son gros visage, d'aspect caoutchouteux, avait plus de peau que nécessaire et l'expression mélancolique d'un basset. Il m'accueillit à sa porte sans enthousiasme.

– Le gars du XXe siècle, c'est ça ? soupira-t-il.

Je confirmai d'un signe de tête. Il me fit entrer. Le premier objet qui accrocha mon regard fut la tête d'élan au mur. J'essayai de trouver un endroit libre pour m'asseoir : pas facile. Sur le divan, de vieux numéros de *Chasseur et campagne* s'empilaient jusqu'à hauteur de taille et, sur le petit lit, dans le coin de la pièce, s'amoncelaient des chemises et des sous-vêtements. Des journaux et des aliments jonchaient le parquet. Je finis par repérer un tout petit îlot disponible sur le tapis, qui vomit un énorme nuage de poussière quand je m'y installai.

Il faisait une chaleur d'enfer. Phineas lança sa veste au hasard et retroussa ses manches.

– À présent, dit-il en faisant une pause pour se curer l'oreille, allez droit aux faits. Vous comprenez, bien sûr, ce qui est en jeu. Vous avez été accusé d'atteinte à l'ordre public, de tentative d'escroquerie, et d'être fou.

Je répétai mon histoire tandis que Phineas écrivait sur son bloc-notes. Il ne croyait sans doute pas un mot de ce que je lui racontais, mais il avait été commis d'office pour me défendre, c'était son boulot et, si la cause était perdue, il était résolu à ce que ce ne soit en aucun cas par sa faute. Comme je le découvris par la suite, il avait été d'échec en échec mais n'en gardait pas moins une certaine fierté professionnelle.

Le dialogue s'engagea : il posait les questions, je donnais les réponses. Il me demanda quand j'étais né.

– Le 3 décembre 1948, répondis-je.

– Vous voulez bien dire que vous ne serez pas né avant soixante-huit ans ? dit-il d'une voix posée.

Je fis le calcul en silence.

– C'est bien ça.

– Je vois, je vois, dit Phineas d'un air peiné en griffonnant sur son bloc.

L'entretien se poursuivit sur ce ton pendant une demi-heure. Je commençais à réaliser la gravité de ma situation.

– Je n'en serais pas là si les mécaniciens de chez Colt m'avaient accordé dix minutes de plus, fis-je, maussade.

– Ces gens n'étaient pas prêts à rencontrer quelqu'un comme vous, répliqua Phineas avec un geste d'impatience. Je pensais à citer Tom Edison comme expert. C'est peut-être possible. J'étais dans le cabinet juridique qui l'a assisté dans une affaire de brevet, il y a quelques années. Vous connaissez Edison, n'est-ce pas ?

Je fis un signe de tête approbateur.

– Edison est assez brillant pour tirer au clair ce truc-là, dit Phineas, avant d'ajouter : « Dans un sens ou dans l'autre. »

Après nous être renseignés en hâte, nous nous rendîmes à pied au bureau du télégraphe pour envoyer une dépêche à Menlo Park, New Jersey, où Edison travaillait jour et nuit dans son labo. Une heure plus tard, nous recevions en retour un message que mon avocat refusa de me laisser lire mais qui disait en substance que nous pouvions aller nous faire voir à moins que je ne puisse aider Edison à mettre au point son système d'éclairage de New York City. Phineas m'interrogea du regard et je répondis : « Evidemment. » Ce n'était pas le moment de douter. Il câbla cette réponse sans autre commentaire et, moins d'une heure plus tard, nous recevions un second message annonçant qu'Edison arriverait par la ligne New York-Nouvelle Angleterre le 16 août à 10 h 30 du matin.

L'audience eut lieu au tribunal de grande instance, au palais de Justice du comté, un bâtiment neuf en briques au coin de Trumbull et Allyn. Plimpton aurait vraiment voulu m'accompagner ce matin-là, mais sa fille était subitement tombée très malade d'une pneumonie. En quittant sa maison, j'évoquai la possibilité de fabriquer un peu de pénicilline, dont, malheureusement, je ne connaissais que le nom. Plimpton me dévisagea sans comprendre et je partis. Je m'étais pris d'affection pour sa femme et lui et c'était affreux de ne rien pouvoir pour leur fille.

Phineas se présenta au tribunal avec l'air de ne pas s'être changé depuis quarante-huit heures. Il transportait plusieurs blocs-notes et une brassée de mensuels sur *La science à la portée de tous.*

– Pas un mot avant d'être à la barre, me souffla-t-il impérativement, et là, ne répondez qu'aux questions directes. J'ai l'affaire en main.

J'inclinai la tête et nous prîmes place.

– Nous n'allons pas céder un pouce de terrain à ces minables et surtout pas à l'autre constipé, ce fils de pute de Calhoun.

– Qui est Calhoun ? murmurai-je à mon tour.

Pour toute réponse, Phineas darda un regard féroce à travers la salle vers un homme impassible, aux approches de la quarantaine, en train d'ouvrir une élégante serviette en cuir. C'était Thomas Calhoun, le procureur. Il était flanqué de deux jeunes assistants. Tous trois portaient des costumes gris impeccables. Calhoun était mince, avec des cheveux très noirs. Le genre d'homme qui ne dit jamais un mot de travers. Un diplômé de Yale. Je vis tout cela dans les cinq premières minutes et le cœur me manqua.

Puis le juge Renshaw fit son entrée et tout le monde se leva.

– Renshaw n'a même pas assez de cervelle pour amorcer un hameçon, chuchota Phineas.

L'audience commença. Outre les parties en présence, une vingtaine de spectateurs de la Compagnie d'assurances Etna étaient venus y assister. Installés au fond de la salle, ils ne cessèrent, tout du long, de s'éventer avec des éventails en papier publicitaires pour le salon funéraire Bosquet de Printemps.

Je me contenterai de résumer le début. Calhoun présenta les chefs d'accusation pour la ville de Hartford, en appelant à témoigner plusieurs ouvriers de l'Armurerie. Il fut bref et onctueux. Phineas exposa notre position. Le juge Renshaw, un petit homme paisible, semblait intrigué par toute cette histoire et ne dit mot.

C'est alors qu'Edison arriva. « Où est Phineas Howe ? » rugit-il en descendant l'allée centrale. L'huissier fit mine de l'intercepter, mais le juge leva la main. Un silence respectueux s'établit pendant que toutes les têtes se tournaient pour apercevoir Thomas Alva Edison. Finalement, on le conduisit jusqu'à notre banc. Il était robuste, la poitrine large, avec des yeux bleus étincelants. Il me jeta un seul coup d'œil et dit à Phineas :

– Allons-y, que diable ! Je reprends le douze heures trente-trois.

Phineas me fit promptement venir à la barre et présenta Edison comme son expert.

– Je compte prouver, annonça-t-il, que mon client a connaissance de techniques tellement en avance sur les nôtres qu'il ne peut être qu'un homme de la fin du XXe siècle. Si ce n'est plus. Cette connaissance sera confirmée par le plus grand inventeur de notre époque, M. Thomas A. Edison.

Les gens de l'Etna posèrent momentanément leurs éventails pour applaudir. J'eus la satisfaction de voir Calhoun s'agiter nerveusement sur son siège et commencer à chuchoter avec ses assistants. Phineas et moi avions les atouts en main.

– Pour commencer, dit Phineas en se tournant vers moi, décrivez votre maison au tribunal.

– Eh bien, dis-je, j'ai un réfrigérateur, une machine à laver la vaisselle, une chaîne stéréo, un lecteur de cassettes, deux téléphones, une télévision, un magnétoscope, un four à micro-ondes, un micro-ordinateur et une Chrysler au garage.

J'étais plutôt gêné, en fait, d'afficher ainsi ma prospérité face au tribunal, mais Phineas avait insisté. Il me fit préciser ensuite à quoi servaient ces divers articles.

– Objection, dit Calhoun. L'accusé a simplement inventé toute une série de noms et de fonctions fantaisistes. Il fait perdre son temps à la Cour.

– Je pense que M. Edison en décidera. Objection rejetée, dit le juge Renshaw.

Attendant la suite, il regarda Phineas qui feuilletait rapidement un de ses exemplaires de *La science à la portée de tous*. Celui-ci me demanda d'expliquer à la Cour comment fonctionne une télévision.

– Un signal radio part d'une station d'émission, commençai-je, et il est capté par l'antenne de télévision. Le signal pénètre alors dans le téléviseur et dirige l'électricité sur un tube à images qui comprend une multitude de points. Les points s'illuminent quand l'électricité les frappe. C'est ce qui produit l'image.

Edison rongeait son frein.

– Votre Honneur, dit Phineas, autorisez-vous M. Edison à interroger mon client ?

Le juge acquiesça d'un signe de tête.

– Y a-t-il des fils qui vont directement jusqu'à ce tube à images, demanda Edison.

Je réfléchis intensément.

– Je ne le pense pas, répondis-je.

– Qu'avez-vous dit ? demanda Edison.

– Je ne le pense pas, répétai-je.

Il eut l'air de ne pas m'avoir encore entendu.

– Je ne le pense pas, hurlai-je.

Il hocha la tête et poursuivit :

– Dans ce cas, ne faudrait-il pas que ce tube ait du vide à l'intérieur ?

– Ça me paraît logique.

Je levai les yeux pour regarder Phineas. Il avait enfoui son visage dans ses mains.

– La télévision utilise-t-elle un courant continu ou alternatif ? demanda Edison.

Je réfléchis encore.

– Eh bien je pense qu'il est alternatif au sortir du mur.

Une onde de rires parcourut la salle d'audience. Phineas gardait les mains sur ses yeux, mais semblait épier entre ses doigts.

– Qu'est-ce que vous avez dit, répéta Edison, décidément dur d'oreille.

– Je pense qu'il est alternatif au sortir du mur, criai-je.

– Mais y a-t-il un transformateur ou un redresseur ?

– Qu'est-ce que c'est ? demandai-je.

– Un transformateur fait croître le voltage et décroître le courant et réciproquement, gardant leur produit constant. On perd davantage de puissance avec un bas voltage. Un redresseur change le courant alternatif en courant continu. J'en ai vu de dures avec mes transformateurs pour Pearl Street. Les capacités ne collent pas.

Ce qu'il disait était extrêmement intéressant.

– Et maintenant, parlez-moi de ce tube à images, continua-t-il. Vous dites qu'il s'allume quand l'électricité le frappe ?

Je fis oui de la tête.

– Comment cela se produit-il. De quoi ce tube est-il fait ?

Je me repliai sur le réfrigérateur.

– Le réfrigérateur est une machine merveilleuse. Il garde les aliments au froid grâce à l'électricité. Fini le transport des gros blocs de glace.

– Comment fonctionne un de ces *réfrigérateurs* ?

– Il y a un moteur dedans, répondis-je d'une voix forte. Il chasse la chaleur à l'extérieur.

Avec surprise et embarras, je découvrais que je ne pouvais guère en dire plus sur les réfrigérateurs, et pourtant j'étais sûr que l'explication était simple. Edison regarda sa montre.

– T. N. T., dis-je fermement. C'est un explosif très puissant, excellent pour les armes de guerre.

Les gens de l'Etna cessèrent de s'éventer. J'ajoutai :

– Trinitromachin.

– Vous voulez dire nitroglycérine ? demanda Edison.

– Non, pas nitroglycérine. Trinitro quelque chose.

– Quelles sont ses composantes ?

– Il y a de l'azote, entre autres.

Edison me regarda avec mépris.

– Je ne crois pas que ce gaillard ait la moindre fichue notion de la technologie de n'importe quel siècle. Et il est bien incapable de m'aider.

Sur quoi, il quitta la salle à grands pas. Phineas, visiblement abattu, me dit que je pouvais me rasseoir. Calhoun plastronnait. Je me sentis humilié.

Le juge Renshaw se racla la gorge et dit qu'il était temps de conclure. Calhoun commença.

– J'estime qu'il est clair, dit-il d'une voix unie, que l'accusé n'a montré aucune connaissance des technologies avancées, n'a apporté aucune preuve du fait qu'il soit réellement un citoyen du XXe siècle. Je demande par conséquent à la Cour de fonder son jugement sur le fait qu'il est, soit un escroc cynique qui a tenté de tromper d'honnêtes gens de notre ville, soit un fou dangereux. L'accusation demande cinq ans d'incarcération à la prison de Lockwood, ou un internement d'une durée égale à l'asile d'aliénés du Connecticut, selon ce que la Cour jugera le plus approprié.

Ensuite vint notre tour. Hardiment, Phineas me demanda de revenir à la barre des témoins. Il vint vers moi avec un sourire et me demanda tranquillement :

– Vos amis du XXe siècle savent-ils comment marchent les télévisions, les automobiles et les ordinateurs ?

J'avais pleine conscience de parler sous serment.

– Il y a un type d'Acme Electronics à Cambridge qui répare ma télévision quand elle est détraquée, mais je ne peux pas dire que je le connais vraiment. Quand j'habitais à Watertown, je connaissais quelqu'un qui savait construire un système de freinage automobile avec des pièces détachées. Quant aux ordinateurs, eh bien – je fis un signe de dénégation – on recommande de ne pas les démonter.

– Voulez-vous dire, demanda Phineas, presque dans un murmure, que seule une poignée de personnes de votre siècle comprend comment marchent ces choses ?

Il me raillait, probablement pour gonfler son propre canot pneumatique pendant que le navire sombrait. Je ne pouvais guère lui en vouloir, d'autant qu'il avait raison, mais j'enrageais.

– Et *vous*, est-ce que vous savez comment fonctionne un télégraphe ? lui demandai-je avec colère.

– Objection, dit Calhoun en se levant d'un bond. Le savoir et la crédibilité de mon collègue, M. Howe, n'ont rien à voir avec la question. Et par ailleurs, il est tout à fait inconvenant qu'un accusé se querelle avec son défenseur.

– Objection retenue, dit le juge Renshaw dans un bâillement.

– Et vous, pouvez-vous me dire comment il fonctionne, le télégraphe ? lui demandai-je.

Phineas me reconduisit prestement à notre banc.

– La défense a-t-elle quelque chose à ajouter ? demanda le juge.

Phineas écrivait à toute vitesse avec un crayon mâchonné qu'il avait taillé et retaillé avec son couteau de poche. Il n'en restait plus rien.

– Z'auriez quelque chose pour écrire, chuchota-t-il éperdument.

– Sûr, répondis-je en sortant un stylo-bille de ma poche. Il s'en saisit et continua à griffonner sans lever les yeux. Soudain, il s'arrêta et considéra le stylo. Il pressa le bouton, regarda la bille rentrer. Il le pressa de nouveau et elle ressortit.

– Putain, voyez-moi ça, dit-il doucement.

Il se leva, brandissant le stylo et se dirigea vers le juge. Tous deux chuchotèrent avec animation, puis le juge fit signe à Calhoun d'approcher. Ensuite, il proposa de nous voir tous les trois dans son bureau.

Je fus acquitté, bien sûr. Les gens de l'Etna ne comprirent jamais complètement pourquoi. Le jugement fit un certain bruit et un reporter du *Hartford Times* survint. Il avait amené un photographe. Il s'avéra qu'il voulait me prendre à cheval. « L'homme du XXe siècle, temporellement dérangé, sur sa monture » ou quelque chose dans ce goût-là.

Tout un groupe s'était rassemblé du côté de la rue opposé au palais de Justice. Le reporter, le photographe et Phineas étaient là. Je tentai de me mettre en selle. Je dois avoir pris le cheval du mauvais côté : je me souviens seulement d'avoir été éjecté et, dépassant au vol la maison L. T. Frisie et Fils, d'avoir foncé la tête la première en direction d'un réverbère. Ce fut ma dernière impression du vieil Hartford.

Je me réveillai couvert de poussière, étendu sur le plancher de ma salle de séjour. Ma femme me bassinait le front avec un linge humide. Elle eut un soupir de soulagement en me voyant ouvrir les yeux. « Chéri, où étais-tu passé ? dit-elle. Je t'ai cherché partout pendant plus d'une heure et puis j'ai entendu un grand bruit sourd et je t'ai vu là, inconscient. » J'avais mal à la tête, mais je réussis à sourire.

L'ORIGINE DE L'UNIVERS

Au cours des vingt dernières années, les physiciens ont développé leurs théories de la matière et de l'énergie en remontant le temps de plus en plus près de l'explosion initiale dont est né l'univers, il y a quelque dix milliards d'années. De nos jours, il est courant d'entendre des scientifiques disserter sur « l'origine de l'univers ». Quand on assiste à leurs conférences, on apprend vite, cependant, qu'il n'est pas question de l'Origine elle-même, mais de ce qui la suit, un milliardième ou un trillonième de seconde plus tard.

C'est pourquoi, au printemps 1984, je me préparai négligemment à écouter une conférence de plus, donnée à Harvard sous le titre : « L'origine de l'univers ». Le conférencier était le savant britannique Stephen Hawking. La salle était comble. Hawking, alors âgé de quarante-deux ans, est devenu un des grands spécialistes de physique théorique de notre temps. Il souffre depuis des années d'une maladie évolutive du système nerveux moteur qui a ravagé son corps sans porter atteinte à son esprit.

Cet après-midi-là, tandis que Hawking, dans son fauteuil roulant, articulait péniblement des séries de sons qu'un de ses étudiants traduisait en mots, je pris progressivement conscience de ce que j'entendais : Hawking avait fait tout le voyage à rebours. Pour la première fois, un scientifique éminent s'attaquait à la condition *initiale* de l'univers : pas une fraction de seconde après le Big Bang, comme on m'en avait parlé auparavant, mais le commencement lui-même, l'instant de la Création, le modèle neuf de matière et d'énergie qui formerait plus tard des atomes, des galaxies et des planètes.

En d'autres circonstances, les physiciens n'hésiteraient jamais à discuter des conditions initiales. Les « conditions initiales » sont, avec les « lois », les deux composantes essentielles de tout modèle de la nature. Les conditions initiales décrivent la disposition des particules et des forces naturelles au commencement d'une expérience. Les lois décrivent ce qui s'ensuit. Toute prévision se base sur ces deux éléments. Mettez, par exemple, un pendule en mouvement : son oscillation sera déterminée par la hauteur initiale d'où votre main l'a lâché aussi bien que par les lois de la gravitation et de la mécanique. Mais le pendule de Hawking, c'est l'univers entier. Et il tente de tirer au clair ce que les scientifiques, après les théologiens, ont jusqu'ici pris comme un donné. Il essaye de *calculer* où la main a lâché prise. Les équations de Hawking sur l'état initial de l'univers, jointes aux lois de la nature, pourraient permettre de prédire totalement son avenir. Elles pourraient nous dire s'il poursuivra perpétuellement son expansion ou atteindra une dimension maximale avant de s'effondrer. Elles pourraient expliquer l'existence des planètes, ou celle du temps.

Qui pourrait s'assurer que les équations de Hawking sont justes, et comment ? L'esprit humain pourrait-il même appréhender la Création ? Et, autre énigme aussi préoccupante, comment la science en est-elle arrivée à une assurance aussi effarante ? Telles étaient les questions que je me posais à moi-même ainsi qu'à un collègue ébahi au sortir de la salle de conférences, puis en poursuivant notre marche hors du campus, dépassant des voitures à l'arrêt et des enfants aux mains enfouies dans leurs moufles.

Les physiciens d'aujourd'hui ne sont pas modestes, et on peut les comprendre. En un siècle, le nôtre, ils ont découvert et testé avec succès une nouvelle loi de la gravitation, une théorie de l'interaction nucléaire forte et une théorie unifiée des interactions électromagnétiques et des interactions nucléaires faibles. Ils ont énoncé d'autres lois qui pourraient unifier toutes les forces de la nature. Ils ont démontré que le temps ne s'écoule pas uniformément et que des particules subatomiques se comportent comme si elles occupaient plusieurs lieux en même temps. Ces victoires, souvent remportées sur un terrain très éloigné de la perception sensorielle de l'homme, leur ont inspiré une remarquable confiance.

Dans ses développements les plus vertigineux, la théorie a souvent distancé l'observation, pour ne rien dire des applications. Par exemple, la théorie unifiée des interactions électromagnétiques et des interactions faibles, formulée dans les années 60, prédisait l'existence de nouvelles particules qui n'ont été découvertes en laboratoire que dans les années 80. On a annoncé dans les années 30 l'existence d'étoiles de très forte densité et d'une vingtaine de kilomètres de diamètre, plus de trente ans avant qu'elles n'aient été observées pour la première fois dans l'espace, à des milliers d'années-lumière de la Terre. La théorie de la relativité générale annonçait qu'un rayon lumineux provenant d'une étoile et passant près du soleil serait dévié de cinq dix-millièmes de degré par la gravité solaire. Quand une expérience nouvelle confirma, plusieurs années plus tard, cet effet minuscule sans qu'Einstein parût s'en émouvoir, un étudiant lui demanda ce qu'il aurait fait si sa prévision avait été démentie. Il répondit qu'il en aurait été navré pour le bon Dieu, car « la théorie *est* correcte ».

Armés d'une telle confiance, les physiciens n'hésitent plus à généraliser leurs théories à des situations dont des êtres humains ne pourraient en aucun cas être témoins. Les travaux de Hawking sur le commencement de l'univers constitue un exemple extrême de cette tendance. Il extrapole à partir de la théorie de la gravitation d'Einstein en l'appliquant à une époque antérieure, non seulement à l'apparition de la vie, mais à celle des atomes. Encore plus étrange : la densité de l'univers à ses débuts était telle que tout ce qu'il contenait, y compris la géométrie de l'espace, affectait le comportement indécis, malaisément identifiable, des particules subatomiques. La méthodologie qui permet de décrire un tel comportement s'appelle la mécanique quantique et son application à la gravitation, la gravitation quantique.

Selon celle-ci, il serait possible que l'univers entier ait surgi de rien.

Hawking a exploré mathématiquement la sorte d'univers qui pourrait avoir surgi de rien. Cet univers naissant aurait-il une étendue finie ou infinie ? Se recourberait-il sur lui-même ? Aurait-il le même aspect vu de partout ? Serait-il en expansion rapide ou lente ? Les réponses à ces questions gisent dans une équation difficile. Il faudra vraisemblablement longtemps pour la résoudre, plus longtemps encore pour mettre à l'épreuve ses prévisions, et elle peut s'avérer complètement fausse. Cependant, elle reflète une confiance extrême dans la capacité de notre raison à dévoiler le monde naturel. Hawking, comme Darwin, s'est aventuré dans des régions jusqu'alors interdites aux êtres humains en général et aux scientifiques en particulier. Que ses conclusions soient justes ou fausses, ses travaux célèbrent le pouvoir de l'homme et ses droits à la connaissance.

Les hommes et les femmes ont toujours aspiré à comprendre leur monde et à le contrôler, mais ils se sont toujours heurtés à des obstacles. À d'autres époques et dans des cultures différentes, ils ont essayé de se frayer un chemin de diverses manières : la magie dans les civilisations primitives, la religion et la science dans des sociétés plus développées. L'homme primitif croit en son pouvoir d'agir, grâce à la magie, sur la nature et sur ses semblables. Il croit qu'il peut faire pleuvoir en grimpant en haut d'un arbre et en tambourinant sur une calebasse pour imiter le tonnerre. Il croit pouvoir faire venir une douce brise en drapant des crins de cheval autour d'un bâton qu'il agitera dans les airs. Mais, avec l'expérience, il réalise peu à peu que ces méthodes ont leurs limites. La pluie ou les douces brises ne répondent pas toujours à l'appel. À ce stade de développement, comme l'écrit Sir James Frazer dans *Le rameau d'or*, l'homme cesse de compter sur lui-même pour s'en remettre à des êtres supérieurs. Ainsi commence la religion. Comme une abdication du pouvoir personnel. Mon rabbin m'a dit un jour que l'homme avait toujours fait de Dieu ce qu'il aurait lui-même voulu être.

Mais, avec les progrès du savoir, cette nouvelle vision de l'univers demande elle aussi à être révisée. Car, à ces dieux qui reflètent l'ignorance et la superstition des hommes, on a souvent attribué, en plus de leurs pouvoirs, une personnalité humaine. Les dieux s'enivrent, comme le firent les divinités babyloniennes la nuit avant que Mardouk ne partît au combat contre le Chaos. Ils sont jaloux et vindicatifs comme Héra, qui détruisit le peuple troyen parce qu'elle n'avait pas reçu le premier prix dans un concours de beauté arbitré par un Troyen. Si les phénomènes naturels sont régis par de tels dieux, ils devraient alors être sujets aux caprices et à la passion. Mais, plus l'homme étudie la nature, plus il trouve de preuves que ses lois sont invariables. Les saisons se répètent, les étoiles se meuvent et les pierres tombent de façon prévisible. L'étude de ces répétitions caractérise la méthode scientifique. À travers elle, l'homme regagne beaucoup de sa confiance primitive en son propre pouvoir, la maîtrise étant maintenant remplacée par la connaissance. Savoir, c'est pouvoir. L'homme n'est peut-être pas capable de décider du temps qu'il fait, mais il peut essayer de le prévoir.

À l'avènement de la science moderne en Europe, des gens ont mesuré les éclipses, disséqué des cadavres, découvert des montagnes sur la lune avec de nouveaux télescopes, scruté l'eau des lacs au microscope, étudié les aimants et l'électricité. Copernic a déclaré que la Terre tournait autour du Soleil. Paracelse a déclaré que les maladies étaient dues à des agents extérieurs au corps du malade, non à ses humeurs internes. Galilée a montré que les corps en mouvement persistaient dans ce mouvement à moins que des forces extérieures n'agissent sur eux.

Mais toute la culture restait profondément imprégnée de l'idée que certains domaines de la connaissance étaient interdits aux mortels ou hors de leur atteinte. Adam et Eve avaient été punis pour avoir mangé le fruit défendu de l'arbre de la science, si bien que leurs yeux s'étaient ouverts et qu'ils étaient « comme des dieux ». Dans le *Paradis perdu*, Adam demande à l'ange Raphaël de lui expliquer la Création. Raphaël lui en révèle un peu et dit ensuite :

> « ... le reste,
> À l'Homme et à l'Ange, le grand Architecte
> Fit sagement de le cacher et de ne pas divulguer
> Ses secrets en les laissant sonder par ceux qui devraient
> Plutôt admirer... »

Faust, dans sa quête de savoir, s'adresse à d'autres autorités et doit le payer de son âme. Des gens se sont également demandé jusqu'à quel point l'univers était accessible à la raison humaine. Descartes avait comparé le monde à une machine géante, mais beaucoup considéraient que ce réductionnisme menaçait la puissance de Dieu. Dans sa condamnation de 1277, l'évêque de Paris affirme clairement que la logique humaine ne peut en aucune façon restreindre la liberté de Dieu d'agir selon Son vouloir. Isaac Newton lui-même, maître logicien et réductionniste, qui ne craint pas d'appliquer ses calculs à l'ensemble des phénomènes naturels, conclut ses *Principia* sur une « Scolie générale » où il faiblit et confesse que les mouvements synchronisés des lunes et des planètes ne pourraient jamais s'expliquer par « de pures causes mécaniques » mais supposent « le projet et la souveraineté d'un Etre intelligent et puissant ». En outre, il serait impossible aux mortels de pénétrer l'art qui préside à cette harmonie divine : « Pas plus qu'un aveugle n'a l'idée des couleurs, nous n'avons idée de la manière dont Dieu, dans son infinie sagesse, perçoit et comprend toutes choses. » Newton, homme de science et homme de foi, se trouvait pris entre son propre pouvoir de calcul et l'inconnaissable pouvoir de Dieu.

Mais l'inconnaissable continuait à faire signe et l'homme, même s'il avait peur de soulever le voile, n'avait pas perdu l'envie d'essayer. Après Newton, un grand débat s'engagea sur la possibilité d'expliquer le système solaire sur des bases rationnelles. Des débats analogues lui firent écho dans les siècles suivants. Au XVIIe et au XIXe siècle, les géologues discutèrent pour savoir si les changements sur la Terre avaient résulté de transformations progressives, obéissant à la loi naturelle, ou de catastrophes soudaines, ordonnées par un Dieu touche-à-tout. L'état d'esprit à la veille du XXe siècle, juste avant que Mme Curie ne découvre que l'atome sacro-saint pouvait voler en éclats, a été décrit par Henry Adams en ces termes : « ... depuis Bacon et Newton, la pensée anglaise n'a cessé de jurer avec véhémence que personne ne doit tenter de connaître l'inconnaissable alors que, dans le même temps chacun ne cessait d'y penser. »

Pour Henry Adams, l'inconnaissable qu'on est parvenu à connaître, c'était l'atome. Pour les biologistes modernes, c'est la structure de l'A. D. N. et, peut-être, la création de la vie. Pour les astronomes modernes, c'est la distance qui nous sépare des galaxies et la forme du cosmos ; pour les physiciens modernes, c'est peut-être la grandiose théorie unifiée et la naissance de l'univers. Couche par couche, l'inconnaissable a été épluché, et examiné, et rationalisé. Les scientifiques d'aujourd'hui, contraints à l'humilité par la place de plus en plus infime qu'ils occupent dans le cosmos, mais enhardis par le succès de leur mise au point, ont mis sous surveillance la totalité de l'univers physique comme un territoire qui leur appartient de plein droit. Là où leurs corps ne peuvent pas aller, ils comptent bien envoyer leurs théories et leurs équations. Dans l'introduction à l'un de ses articles récents, Hawking dit : « Bien des gens soutiendraient que les conditions (initiales de l'univers) ne font pas partie de la physique, mais relèvent de la métaphysique ou de la religion. Ils soutiendraient que la nature a été complètement libre de lancer l'univers à sa guise...

Tout prouve cependant que (l'univers) se développe en conformité avec certaines lois. Il semblerait par conséquent raisonnable de supposer qu'il existe également des lois qui gouvernent ces conditions (initiales). »

Pour moi, les travaux de Hawking, quelle que soit leur hardiesse, se situent dans le prolongement naturel de ce qu'a fait la science depuis cinq cents ans. Mais la question demeure : quand la physique a mis en équations la naissance de l'univers, reste-t-il de la place pour Dieu ? C'est ce que j'ai demandé à un collègue qui a apporté une contribution significative aux calculs sur l'origine de l'univers et qui est aussi un croyant fervent. Il m'a répondu que la physique peut décrire le créé mais que la Création elle-même n'est pas du ressort de la physique. Mais avec tes équations, dis-je, tu ne donnes à Dieu aucune liberté. Et il m'a répondu : « Mais c'est ce qu'Il a voulu. »

COMMENT LA BOSSE VINT AU CHAMEAU

La nuit va tomber et c'est l'heure de mettre ma fille au lit. Elle est assise près de moi dans son pyjama jaune, la tête appuyée contre mon épaule. Pour la troisième fois, nous revisitons les *Histoires comme ça.* Ma fille veut savoir si le Djinn magique responsable de Tous les Déserts a vraiment pu ordonner que le dos du chameau enfle d'un seul coup et à quoi, d'ailleurs, peut bien servir une bosse. Elle m'avait déjà posé la question. Ce soir, je suis prêt : j'ai consulté dans la bibliothèque ce qui concernait les chameaux et j'ai parlé à des amis bien renseignés. La bosse, dis-je, est faite de graisse, dont tous les animaux ont besoin comme réserve pour subsister quand ils ne peuvent pas trouver de nourriture. Le chameau garde toute sa graisse au même endroit, sur son dos, pour que le reste du corps puisse évacuer la chaleur plus facilement. Dans le désert, il est important de rester frais. Le pingouin, au contraire, a besoin de garder sa chaleur et il étend sa graisse en couche épaisse sur tout son corps, comme une couverture. Je borde ma fille dans son lit.

– Qu'est-ce qu'ils sont malins, les chameaux, papa ! dit-elle en bâillant.

– Pas vraiment. Les chameaux n'ont pas trouvé ça tout seuls. La nature a passé des millions et des millions d'années à travailler sur les chameaux, à faire des brouillons avant de sortir un modèle qui fasse l'affaire.

J'éteins. La lumière du réverbère, dehors, perce à travers la fenêtre de la chambre. Je pense à ma visite à New York, la semaine dernière, à mon arrivée le soir par le bus, avec les tours et les immeubles entièrement illuminés, beaux, élancés, fragiles comme des miniatures. Et ensuite, sur le pont de Queensboro où les réverbères défilaient un par un, je revois les pulsations de la lumière sur le siège en vinyle face à moi, comme s'il respirait, comme si c'était la peau de quelqu'un là où elle est la plus fine, sur la gorge, frémissant à chaque pulsation dans les veines au-dessous.

Ma fille éternue.

– Devine ce que j'ai fait à l'école aujourd'hui, papa.

– Quoi donc ?

– Un pèlerin, pour Thanksgiving. Et avant ça, j'ai grimpé sur le quatrième barreau de l'échelle. Le quatrième barreau. Mme Gauthier m'a vue.

Je l'embrasse et me dirige vers la fenêtre en chuchotant :

– Viens regarder la lune avec moi.

Elle sort du lit et avance sur la pointe de ses pieds nus jusqu'au bord du tapis. Nous ouvrons les persiennes blanches.

– Des hommes ont été sur la lune et ils y ont marché, dis-je, il y a quelques années.

Le bruit d'une voiture qui descend la rue rompt le silence nocturne.

Je regarde à nouveau la lune, suspendue dans l'espace, et j'imagine des roues d'acier géantes tournant silencieusement dans l'obscurité, là-haut. J'imagine des milliers de satellites filant dans toutes les directions autour de la planète, évitant de justesse les collisions. J'imagine des cylindres polis soudain lancés vers le ciel, éclairant la nuit du rougeoiement de leurs moteurs, amorçant un arc vers les villes. Des jouets nouveaux pour des créatures nouvelles. Et, au-dessous, la vieille Terre attend.

– Recouche-toi, dis-je à ma fille dans un murmure. Je la borde une fois de plus, repliant soigneusement la couverture sur sa poitrine.

– Papa, est-ce que tu vas me lire encore l'histoire du Djinn et comment il a fait lever une bosse par magie sur le dos du chameau ?

– Ce sera pour un autre soir.

LE PAYS DE FER

Un soir, il y a peu, je lisais paisiblement au coin du feu quand un inconnu encapuchonné frappa à ma porte, me tendit une missive chiffonnée et s'esquiva. Je n'aurais guère pris au sérieux son curieux récit, reproduit ci-dessous, si je n'avais remarqué ensuite un creux dans le bois, là où il avait frôlé le chambranle de la porte.

Voici des jours que je parcours les rues, pratiquement aveugle, en quête d'une autre créature de mon espèce. Comment je suis arrivé chez vous en traversant l'immensité de l'espace, je ne peux le dire, mais j'éprouve le besoin de vous parler un peu de chez moi. J'appellerai notre monde le Pays de Fer. Ce nom n'est pas celui que nous lui donnons, mais il vous permettra de mieux comprendre sa nature. Chez nous, tout est en fer. Il n'existe aucun autre élément. Représentez-vous un pays sans air, sans pluie, sans herbe, sans oxygène ni hydrogène ni carbone. Imaginez une planète où il n'y ait que du fer et ce qu'on peut fabriquer avec. Ne connaissant pas d'autre mode de vie, nous considérons cet état de choses comme parfaitement naturel.

Notre monde est bien plus simple que le vôtre. Tout d'abord, la chimie y est inconnue, puisqu'on n'y trouve pas d'autres éléments qui puissent entrer en réaction avec le fer. J'ai été ébahi de découvrir les myriades de phénomènes chimiques que vous avez ici : la photosynthèse, les piles électriques, le goût. Nos auteurs de science-fiction eux-mêmes n'ont jamais rien imaginé de semblable. Nous avons cependant quelques compensations. Vous comprendrez sans peine combien nos constructions sont durables, comparées aux vôtres. À l'abri de la corrosion et de l'usure, nos splendides demeures se dressent pour toujours sans que s'altère le gris-blanc de leur teinte initiale. Je présume que les architectes de votre monde, surtout ceux qui aspirent à ce que leurs bâtisses durent mille ans, ne peuvent que considérer l'oxydation comme un fléau. En vérité, le vieillissement est plus rapide, quelle que soit sa nature, dans un monde où sévit la chimie, même si cela ne suffit pas à expliquer pourquoi les créatures de chez vous vivent rarement plus de cent années terrestres.

Vous vous demandez peut-être ce qui distingue, dans le Pays de Fer, l'animé de l'inanimé. Je vais vous le dire : notre expérience de la nature étant réduite aux formes les plus simples, nous avons défini la vie, dans son essence, comme l'information, avec les mécanismes qui permettent d'exprimer cette information. Le fer, comme vous le savez, a des propriétés magnétiques. Il y a quelques années, nos savants ont découvert que les régions magnétiques microscopiques, à l'intérieur de notre matière vivante, s'orientent selon des schémas précis. C'est-à-dire que, si vous considérez chacune de ces régions comme un aimant, les minuscules pôles nord, dans la matière animée, se dirigent vers le bas ou vers le haut suivant des dispositions très particulières, comparables aux séquences de points et de traits dans votre alphabet Morse ou de zéros et de uns dans vos ordinateurs. N'importe quelle information peut être réduite à une séquence de ce genre et mise en réserve. Dans les formes inanimées, comme les rochers et les marteaux, ces petits aimants internes pointent dans n'importe quel sens, sans relation les uns avec les autres ou presque. On ne trouve pas plus d'information magnétique dans un rocher que dans une succession de lettres prises au hasard dans l'alphabet.

Dans notre société, le magnétisme tient un rôle proche de celui de l'argent dans la vôtre. C'est sur lui que se basent nos statuts. Mais le Conseil des Magnétomètres, que le diable l'emporte, a plus ou moins imposé le système. Les classes inférieures, les soudeurs par exemple, n'ont pas le droit de dépasser un champ magnétique global de 100 gauss. (Pour que vous puissiez me comprendre, j'ai fait la conversion de nos unités magnétiques dans les vôtres. Un gauss, si je ne me trompe, équivaut environ à deux fois l'intensité du champ magnétique de votre planète.) Les classes moyennes, sculpteurs ou médecins, peuvent monter jusqu'à 1 000 gauss. Quelques membres des classes supérieures – comme certain politicien de ma connaissance – s'enorgueillissent de champs magnétiques de 10 000 gauss ou plus. Mais laissez-moi à présent vous faire une confidence qui ne doit en aucun cas revenir aux oreilles de mes compatriotes : nous sommes quelques-uns à avoir remarqué que plus quelqu'un montait en grade, plus il devenait stupide. Et nous avons fini par comprendre pourquoi. Vous voyez, pour obtenir un magnétisme global très intense, il faut que les régions magnétiques microscopiques de la personne se mettent en ligne, la plupart des minuscules pôles nord pointant dans la même direction. Faute de quoi, elles vont s'annuler partiellement, réduisant l'intensité magnétique globale. Mais plus il y a d'aimants microscopiques empêchés de s'orienter librement, moins il en reste de disponibles pour stocker l'information. C'est comme si, dans un mot, on retranchait progressivement des lettres pour ne plus laisser subsister que la lettre *a*... Le cas extrême est celui où tous les aimants microscopiques pointent dans la même direction, produisant un champ magnétique maximum d'à peu près 20 000 gauss. Lorsqu'on en arrive là, toute intelligence a disparu au profit du statut.

Je fais à peu près mes 300 gauss. C'est assez à mon sens pour joindre les deux bouts, mais pas assez pour me monter à la tête. Je suis écrivain. Je me réjouis de posséder au moins ce modeste talent, sachant que mon physique est plutôt ingrat et que je ne suis nullement doué pour les mondanités. Ma chère femme vient d'obtenir son certificat pour 310 gauss, bien qu'elle mérite mieux. J'ai remarqué sa belle énergie dès notre première rencontre à la fonderie. Quand je dis que l'ai remarquée, vous devez comprendre que toutes nos perceptions sensorielles sont magnétiques et fonctionnent selon des principes très proches de ceux de vos détecteurs de métaux.

Il n'est sans doute pas superflu de dire un mot de notre sexualité. Grosso modo, ce sont les pôles nord et sud de l'aimant qui correspondent chez nous au masculin et au féminin de chez vous. Mais, puisque tout aimant a deux pôles, tout habitant du Pays de Fer est bisexuel. Suivant votre position, assis ou debout, par rapport à une autre personne, vous pouvez trouver celle-ci extrêmement attirante ou repoussante. Comme vous pouvez l'imaginer sans peine, il faut beaucoup de délicatesse pour faire sa cour, et de longues années de mariage ne vous mettent pas à l'abri des mésaventures.

Un dicton de notre monde affirme qu'on peut généralement contourner une épouse acariâtre. Mais il arrive qu'on se heurte à tout un groupe de gens mal disposés, désagréables, et c'est la guerre. Hélas, l'activité militaire, chez nous, souffre fâcheusement de l'absence d'armes puissantes. Pas de réactions chimiques, pas d'explosifs chimiques. Ah, si seulement je pouvais ramener chez nous un peu de votre poudre à canon, de votre T.N.T., que ne ferais-je pas ?

Pire encore, nous avons échoué lamentablement dans la conception d'explosifs nucléaires. Je dois cependant admettre que la raison de cet échec a quelque chose de fascinant. Comme vous ne l'ignorez pas, les interactions entre particules à l'intérieur des noyaux atomiques mettent en jeu deux sortes de forces : une force de répulsion électrique, entre protons, et une force d'attraction nucléaire, à la fois entre protons et neutrons. La première force est comparable à un ressort comprimé, la seconde à un ressort tendu, l'un et l'autre tendant à revenir brusquement à leur position initiale en libérant de l'énergie au passage. Malheureusement, ces deux sortes de ressorts tirent en sens contraire, si bien que, quand on gagne de l'énergie d'un côté, on la perd de l'autre. Pour obtenir une explosion, il faut évidemment libérer davantage d'énergie qu'on en absorbe. Vos bombes à fission produisent de l'énergie en fendant les noyaux. Cette méthode n'est applicable qu'à des noyaux lourds, comme celui de l'uranium. À l'opposé, pour des noyaux légers, comme celui de l'hydrogène, l'énergie nette est produite par fusion. Vous appelez bombes thermonucléaires les armes ainsi réalisées. Une fois qu'on a compris ces processus, peut-on s'étonner de trouver un noyau atomique particulier fâcheusement coincé à mi-parcours, ni assez léger pour fournir une énergie nette par fusion, ni assez lourd pour le faire par fission. En effet, ses ressorts tendus et comprimés annulent complètement leurs forces dans les deux directions opposées. Ce noyau stérile et singulier n'est autre que celui du fer, unique élément de notre monde.

N'étant pas dépourvus d'intelligence ni d'ingéniosité, nous avons néanmoins découvert diverses façons de nous supprimer mutuellement. On peut toujours chauffer à mort l'ennemi. Quand la température du fer dépasse 768 degrés Celsius, ce qui reste encore très au-dessous de son point de fusion, sa substance se démagnétise. Soumis à une telle chaleur, les minuscules aimants intérieurs sont totalement désorientés. C'est la perte de toute connaissance, du sens de l'identité, du statut, bref c'est, comme jc vous le disais, la mort, mais le matériel reste intact. Plutôt humain, non ?

Nous sommes un peuple cultivé. Nos poètes ne peuvent écrire sur les océans, mais ils ont médité sur la paix mystérieuse des basses températures, sur la texture en mouvement d'un treillage cubique, sur l'intime bouillonnement des orages magnétiques. Nos artistes ne peuvent peindre, mais nos sculpteurs ont créé des enroulements parcourus de frissons de forces en hélice. Prisonniers de la forme la plus primitive de l'univers matériel, nous avons néanmoins atteint de hautes formes d'expression.

Vous n'ignorez plus tout à fait le Pays de Fer, à présent. J'aimerais en écrire bien davantage, mais le temps me manque. Je me rouille déjà dans votre atmosphère détestable et je dois partir. Au revoir.

D'AUTRES PIÈCES

Au cours des années où je me préparais à une carrière scientifique, attentif à l'autonomie des équations et des instruments, les humains, avec leurs idiosyncraties, n'ont cessé de se mêler de mon éducation. John, mon ami d'enfance et mon partenaire dans les équipées scientifiques de notre jeunesse, a été le premier à me sensibiliser à l'idée que le succès peut nous venir par une porte dérobée. Ses machins fonctionnaient, pas les miens. Il ne gardait jamais les modes d'emploi qui accompagnaient de nouvelles pièces, il ne dessinait jamais de schémas, ses branchements erraient en titubant sur les cartes de circuits ; mais il avait des mains magiques et lorsqu'il s'asseyait en tailleur sur le plancher de sa chambre et commençait à bidouiller, les transistors ronronnaient. Il était parfaitement vain de regarder par-dessus son épaule dans l'espoir de découvrir pourquoi les choses marchaient chez lui et pas chez moi, et lui-même était bien incapable de dire comment il faisait. John ne gaspillait pas son temps à apprendre la théorie.

Certains après-midi, je quittais le collège avec une idée pêchée dans *La science pour tous* ou quelque plan intéressant de mon invention pour trouver souvent John étendu sur son lit, tout maigrichon et mélancolique, remâchant sa dernière fournée de mauvaises notes. L'annonce d'un projet nouveau, avec les bribes de description les plus rudimentaires, le ranimait instantanément et il se lançait comme un musicien de jazz qui transforme un petit air de rien en une cascade vivante de sons et de rythmes sans jamais noter un seul accord. Il tirait sans délai, des boîtes empilées ça et là (rétrospectivement, ma propre chambre doit avoir souffert d'un excès d'ordre) les fils électriques, fers à souder, produits chimiques et autres fournitures qu'il jugeait nécessaires, puis, avec son habituel disque de Bob Dylan hurlant en fond sonore, se mettait à l'œuvre. Nous avions tôt fait de dériver au large, abandonnant les livres, les formules et les travaux scolaires pour de merveilleux appareils, très loin de la voix menue de la mère de John qui l'appelait pour le dîner.

Notre réalisation commune la plus brillante fut le projet que nous présentâmes à l'exposition scientifique du comté pendant ma première année de lycée. C'était un dispositif de communication dont l'originalité résidait dans l'absence de fils électriques reliant l'émetteur au récepteur et l'usage exclusif de la lumière pour l'encodage et la transmission du son. Lorsque quelqu'un parlait dans l'émetteur, le son faisait entrer en vibration un ballon sur lequel avait été monté un petit morceau de verre étamé. Les variations d'intensité de la lumière issue de l'émetteur et reflétée dans ce minuscule miroir transmettaient l'information sur les vibrations sonores d'origine. Cette information était retraduite en sons, lors de la réception, par une cellule photoélectrique et un amplificateur. Pendant des mois, nous avions écumé les quincailleries et les boutiques de matériel électrique de la ville et nous étions ravis du résultat final. À la veille du concours, après de nombreux essais brillamment réussis de communication à plus de quinze mètres de distance entre locuteur et auditeur, quelque chose claqua. Je rentrai chez moi effondré. Deux jours plus tard, je reçus de John un coup de téléphone qui me stupéfia : tard dans la soirée, il avait transporté notre engin estropié à l'exposition et avait astucieusement relié l'émetteur et le récepteur par un fil électrique qui passait sous la table. Le lendemain le jury n'y vit apparemment que du feu et nous décerna le premier prix. John était le sens pratique incarné.

À l'époque où j'habitais Watertown, plus de dix ans plus tard, un accordeur du nom de Phil venait à peu près tous les quatre mois soigner notre piano droit. Phil, je le découvris progressivement, était comme moi un théoricien, mais ses inspirations vertigineuses ne s'embarrassaient pas de respectabilité scientifique. Il débordait d'idées sur les origines de l'univers, sur ce qui avait pu le précéder et autres sujets cosmologiques. On ne savait jamais, en écoutant ses monologues fantastiques virevoltant entre science et philosophie, ce qu'il avait lu quelque part et ce qu'il inventait à l'instant même.

Après sa seconde ou sa troisième visite, Phil eut vent du fait que j'étais physicien, je ne sais comment. Ce fut le ciment de nos relations et le temps passé à accorder le piano passa d'une à deux heures par séance. Il entrait chez moi, vérifiait brièvement les tons pendant à peu près un quart d'heure, comme pour s'entraîner, avant d'écarter de la table d'harmonie son corps massif et débiter ses dernières théories en date. Ma préférée était celle selon laquelle le système solaire était en réalité un gros atome, tel qu'il aurait pu en tout cas être perçu par on ne sait quels êtres géants, les galaxies, plus loin dans l'espace, constituant un système solaire galactique, c'est-à-dire en réalité un atome galactique, avec, encore plus loin, une multitude d'univers gravitant chacun autour d'un autre. Tandis qu'il s'élevait dans la hiérarchie de ces mondes en orbite, il enflait la voix en conséquence et décrivait du bras de larges arcs de cercle qui manquaient le lustre de peu. Nous étions tous les deux irrésistiblement emportés dans l'espace, mon appartement de Watertown et tout le voisinage se réduisant à un point bientôt imperceptible dans le cosmos. Ces élucubrations pouvaient durer une demi-heure. Phil avait du coffre. Lorsqu'il devait reprendre haleine, je profitais parfois de l'intermède pour revenir à moi et tenter d'introduire une note scientifique dans le débat, en puisant dans mes réserves professionnelles. L'air ennuyé un instant, il balayait mon intervention importune et ridicule, poursuivant sa route vers les sommets.

À l'occasion, il pouvait donner une description tout à fait exacte des faits, pour autant que je les connaisse, et répondait à mon hochement de tête approbateur par un grand sourire radieux. C'est ainsi qu'il m'expliqua sobrement comment la création et la destruction perpétuelles de trous noirs minuscules déforme et perfore l'espace, conduisant, aux niveaux les plus infimes de la réalité, à une structure pour ainsi dire écumeuse. Ce jour-là, il nous fallut près de trois heures pour accorder le piano et j'arrivai en retard à l'université.

Lors de la dernière visite de Phil, peu avant mon déménagement, je m'excusai, aussitôt après l'avoir fait entrer, d'avoir à le laisser : je devais me remettre au travail d'urgence car j'avais pris du retard dans la recherche que je présentais le lendemain. Il en montra quelque humeur et, pendant un moment, martela les touches avec une énergie superflue. Sans excursions intellectuelles, il lui fallait tout juste soixante minutes, en fait, pour terminer son travail. Alors que j'étais assis à mon bureau dans la pièce voisine, il y fit irruption sans s'annoncer et, considérant les équations et les livres amoncelés, dit : « À ce que je vois, vous ne prenez pas les raccourcis. »

Près d'un an plus tard, j'appris avec tristesse que Jon Mathews, quarante-huit ans, un de mes anciens professeurs de troisième cycle, venait, avec sa femme, d'être porté disparu alors qu'ils traversaient l'océan Indien sur un voilier de trente-quatre pieds. Il y avait dans cette catastrophe quelque chose de débraillé qui ne cadrait absolument pas avec mes autres souvenirs de Mathews, propret, avec ses cheveux coupés en brosse, aussi méticuleux dans son apparence extérieure que dans ses soigneux calculs mathématiques. Quelqu'un – c'est en tout cas l'impression qu'il donnait à ses étudiants – qui y regarderait toujours à deux fois avant de sauter le pas. C'étaient peut-être justement cette prudence et cette circonspection qui empêchaient Mathews de fournir des contributions vraiment remarquables à la physique théorique, son domaine. Il lui manquait quelque chose : un brin d'irrévérence, ou de profondeur, d'aptitude à s'écarter un instant des règles. Un article pour lequel il est connu, intitulé : « La radiation gravitationnelle des masses ponctuelles dans une orbite de Kepler », commence ainsi : « On pourrait s'attendre à ce que des masses en mouvement arbitraire émettent de l'énergie gravitationnelle. On s'est toutefois demandé si l'énergie ainsi calculée avait le moindre sens en physique. Nous ne traiterons pas ici de ce problème... » Et il se poursuit avec un calcul de l'effet supposé dans le meilleur style des manuels. En fait, Jon était un admirable professeur et le coauteur d'un manuel fréquemment utilisé sur *Les méthodes mathématiques de la physique*. Au tableau noir, il était dans son élément, distillant le monde physique en équations superbement tracées à la craie, déroulées sur un mètre ou plus, expliquant chaque concept de la mécanique ou de l'électromagnétisme avec tant de clarté et d'exactitude qu'on pouvait commencer à voir l'équation aller et venir sur le tableau comme les pendules ou les ressorts qu'elle décrivait. Jon était si bon professeur que nous étions quelques-uns à suivre ses cours sans y être inscrits, dérobant un moment au terrifiant programme de nos études imposées pour le plaisir d'entendre traiter avec élégance et précision un sujet familier. Je devins son ami à cause de notre passion commune pour la voile. Même à cette époque, des années avant son funeste voyage, il rêvait de faire un jour le tour du monde en voilier, en parlait et recrutait des étudiants empressés à lui servir d'équipage pour des virées en bateau pendant les week-ends.

J'ai gardé le souvenir d'une croisière vers Catalina Island, en Californie, à environ trente milles marins de la côte de Long Beach. Jean, la femme de Jon, n'était pas à bord, mais un de ses fils y était. Au départ, nous eûmes un vent frais et capricieux. Jon était partout à la fois sur le bateau, d'une agilité étonnante, actionnant les winchs, prenant les ris à la grand-voile, réglant les poulies, tout en restant en général maître de lui, aussi calme que s'il était en train de résoudre un problème simple de valeur relative au tableau noir. Son bateau était impeccablement entretenu, les cuivres étincelaient, en parfait état, les cordages étaient pieusement enroulés dès qu'on ne s'en servait plus, chaque chose était à sa place, ce qui, sur les voiliers, n'est pas courant. Ce soir-là, tandis que le bateau, ancré au large de l'île, se balançait doucement et que nous étions à l'abri dans la cabine comme dans une grotte, Jon déballa pour me le montrer son jouet tout neuf, un sextant, sa voix montant d'un ton comme toujours quand il expliquait quelque chose de nouveau. Nous ne parlions jamais de physique à bord ; j'ignore pourquoi, mais nous ne l'avons jamais fait, c'est tout.

Le physicien Freeman Dyson a dit que, pour une bonne part, la recherche scientifique tenait de l'artisanat, puisque « nombre d'entre nous (les scientifiques) nous contentons de passer notre vie dans des travaux en collaboration, là où il importe davantage d'être fiable que d'être original ». Cette science-là, même bien faite, ne suffisait pas à Jon. Pour s'accomplir, il s'adonnait à un hobby après l'autre, y compris une maîtrise inattendue des langues orientales dont j'eus la révélation le jour où, dans son bureau bien rangé, il prit sur un rayon de sa bibliothèque un volume en sanscrit et commença à m'en faire la lecture.

Tout cela se passait au début des années 70. Peu à peu, Mathews acquit l'habileté nécessaire, l'expérience multiple des croisières, les connaissances de navigateur et de géographe qui devaient lui permettre de réaliser son rêve de tour du monde à la voile. Pendant son congé sabbatique de 1979-80, il appareilla de Los Angeles au début de l'été et mit le cap vers l'ouest. Le dernier contact radio dont on ait trace remonte à décembre 1979, à plusieurs centaines de milles de l'île Maurice. Un ami l'attendait à son arrivée en Afrique du Sud, qui n'eut jamais lieu. Mathews et sa femme furent vraisemblablement victimes d'un cyclone de l'océan Indien, comparable à ce que sont les ouragans dans les Caraïbes ou les typhons en mer de Chine. La grande saison des cyclones commence en décembre dans l'océan Indien et, selon ses plans, Mathews aurait dû le traverser bien avant. Mais, d'après les rapports que j'ai lus, il avait déjà pris du retard sur son programme avant d'atteindre l'Australie et, plutôt que de revenir en arrière ou de rester à quai pendant six mois en attendant la fin de la saison des tempêtes, il décida de risquer l'aventure.

J'ai essayé de reconstituer mentalement ce qui a dû se passer dans l'esprit de Jon, tandis qu'il méditait en Australie sur les cartes, les horaires et les prévisions météo avant de faire le plus gros pari de sa vie. Je l'imagine au moment où le cyclone a frappé, soudain dépassé dans cette immensité furieuse qui lui était si étrangère, une pièce sans murs, sans plafond, sans solution. Les cours universitaires de Jon, si brillants, son sanscrit joliment calligraphié, notre amitié dans un monde étanche de revues et d'équations proprement empilées, tout cela pâlit à côté de cette ultime image, de cette recherche ultime de l'accomplissement.

SAISONS

À l'automne 1969, il y avait cinq cent mille soldats américains au Vietnam. La mort d'Ho Chi Minh n'entraîna qu'une brève interruption dans cette guerre de quinze ans. Et moi qui entamais ma dernière année d'université, j'étais confronté au premier vrai défi qui menaçait mon confort de privilégié. Je pouvais être désigné par le tirage au sort national pour faire mon service. C'était la première fois depuis 1942 qu'on recrutait par tirage au sort aux États-Unis. La Seconde Guerre mondiale avait été, bien entendu, une guerre « populaire ». Mon père avait eu constamment peur de mourir sur les côtes de l'Italie ou de la Sicile, mais il s'était engagé sans hésitation dès sa majorité, comme l'avaient fait tous ses amis. Mes amis à moi, au contraire, s'efforçaient par tous les moyens d'échapper au service militaire. Ils y réussissaient généralement. Il leur suffisait souvent d'être étudiants pour bénéficier d'un sursis. Louis, un garçon paisible et méditatif, se présenta au conseil de révision vêtu en Indien Cherokee, peintures de guerre et plumes comprises. Il fut réformé pour aliénation mentale. D'autres partirent au Canada et y vécurent de l'argent qu'on leur envoyait de chez eux. Mais, cette fois, le tirage au sort à l'échelle nationale semblait égaliser les chances entre les classes et les milieux sociaux. Chacun courait le même risque. Le hasard allait décider du numéro attribué à chaque date de naissance. Les bureaux d'incorporation locaux appelleraient d'abord les numéros 1 et ainsi de suite.

Le tirage eut lieu le 1er décembre à 20 heures, heure de l'Est. Je n'étais rentré que la veille, un dimanche, des vacances de Thanksgiving au cours desquelles j'avais fait un dîner monstre avec mes parents, mes frères et mes cousins. Après le repas, ma mère, résolue à faire bonne figure, avait mis un album de bossa nova sur la platine et, pieds nus dans le living, nous avaient tous entraînés dans la danse. À présent, quelques soirs après la fête, je me retrouvais avec mes camarades dans notre agréable dortoir de l'Ivy League, en train d'écouter anxieusement la radio. Une odeur de marihuana flottait dans l'air. J'imaginais des millions d'autres jeunes, pompistes ou cuisiniers dans des snacks essayant de hâter l'heure de la fermeture, étudiants comme nous dans leurs chambres, tous à l'écoute. Dans un salon gouvernemental, trois cent soixante-six capsules furent extraites l'une après l'autre d'un cylindre de verre à Washington D.C. La première date de naissance sélectionnée fut le 14 septembre. Je ne connaissais personne dont l'anniversaire tombât ce jour-là, mais je fus navré pour ces pauvres diables. Ma date de naissance sortit 280 tirages plus tard. Je ne fus jamais appelé. À peu près un quart de mes condisciples fit, sous une forme ou sous une autre, son service militaire cette année-là et la suivante.

Curieusement, je me rappelle l'intense beauté de cet automne. Cette saison n'avait jamais rien eu de particulièrement engageant dans le Tennessee où j'avais été élevé, mais là, sur cette partie de la côte Est, l'air était si clair, si transparent, qu'on aurait pu voir, semblait-il, jusqu'à la courbure de la Terre. Je me souviens d'avoir souvent entendu d'extraordinaires concerts dans l'érable en face de ma fenêtre de dortoir. Des centaines de passereaux y avaient élu domicile pour la saison. C'étaient de petits oiseaux, de la taille d'un moineau, avec une queue délicatement effilée. Ils ne pépient ni ne gazouillent mais tiennent longuement la note en continu. Quand ils sont des centaines à chanter à l'unisson, on entend un chœur ininterrompu dont l'effet pour l'oreille est semblable à celui d'une chute d'eau pour la vue : une multitude d'infimes gouttelettes confondues en un seul flux impressionnant. Ils restaient là jusqu'à la fin octobre puis, un beau jour, ils avaient disparu, partis tous ensemble dans leur migration vers le Sud.

Le tirage au sort me troubla à beaucoup d'égards. J'avais vécu dans une cécité volontaire, pas seulement dans l'aveuglement qui accompagne la prospérité financière et le statut social. Il était, bien sûr, tout à fait possible qu'on m'envoie me faire tuer au Vietnam. Mais cette éventualité était si inimaginable que je n'en pris jamais vraiment conscience. J'étais resté sur la touche, dans mon incrédulité naïve, tandis que mes condisciples tentaient de forcer les portes de l'Institut de recherches de la Défense. Je me tenais à l'écart des feux de joie. Le soir où un jeune assistant de faculté, assis près de moi à table, craqua une allumette pour brûler son ordre d'incorporation et nous invita, nous autres étudiants, à l'imiter, j'admirai sa hardiesse mais je ne compris strictement rien à son geste. Le tirage au sort m'imposait un vaste monde dont je n'avais que faire, et je ressentais cette intrusion comme un pénible afflux de sang dans mes veines. Ce qui m'angoissait le plus, c'était l'élément de hasard, l'incertitude. Je voulais prendre mes propres décisions. Je m'engagerais ou non dans des études de troisième cycle. Je ferais la cour à telle jeune fille ou je n'en ferais rien. Je laisserais mon vélo dans la cour la nuit ou je le trimballerais jusqu'au sous-sol.

La science, pour moi, avait été une source de certitude. J'avais choisi la physique comme matière principale, et la physique ramenait le monde à ses forces et ses particules irréductibles. C'est une banalité de dire que la science est réductionniste et même un garçon de vingt et un ans savait que la vie n'était pas aussi simple. Mais la science, tout particulièrement la physique, donne une puissante illusion d'évidence et de simplicité. Les manuels de physique traitent rarement de l'histoire de la discipline, avec ses fausses pistes, ses préjugés et ses passions. Il y a des lois, c'est tout. Et ces lois séduisent par leur beauté et leur précision. À toute action répond une réaction égale et de signe contraire. La force d'attraction entre deux masses varie inversement au carré de la distance qui les sépare. Même le principe d'incertitude de Heisenberg qui proclame qu'en mécanique quantique le futur ne peut être déduit du passé, enferme ces indéterminations dans une formule mathématique déterminée, comme dans une cellule insonorisée étouffant les cris d'un furieux. La physique avait la pureté, l'élégance mais, surtout, elle était certitude. Et la certitude, pour des raisons qui tenaient à mon tempérament individuel et peut-être aussi à une éducation bourgeoise, était mon amie. Archimède et Euclide avaient été ses champions. Lucrèce avait invoqué la théorie atomique de l'univers pour libérer l'humanité des caprices divins.

En dernière année, je devais réaliser une étude personnelle, une thèse. Pour des motifs qui me restent encore mystérieux, j'optai pour une thèse expérimentale. Il s'agissait, autrement dit, de construire un dispositif qui permette de réaliser une expérience physique. J'avais déjà fait la preuve de mon incompétence dans les travaux de laboratoire. Un bidule que j'avais réalisé au labo comme projet de première année avait pris feu à cause d'un mauvais branchement. L'oscilloscope, outil classique pour la conception de circuits, cette grosse boîte de métal couverte de boutons de réglage pour les voltages et les courants, me laissait interdit. D'autre part, j'étais doué pour le calcul théorique, j'adorais passer d'une équation à l'autre avant d'aboutir à la solution, parfaitement définie, sans une brèche, comme la surface d'un cercle. J'aimais la netteté des crayons et du papier. Pourquoi n'ai-je pas entrepris une thèse de physique théorique, je me le demande encore.

C'est peut-être parce que j'avais choisi le professeur Turgot comme maître de thèse. Il y avait en lui quelque chose que je trouvais extraordinairement attirant. C'était un costaud bâti comme un ours, dans les quarante ans, avec une calvitie naissante, des épaules voûtées et des pans de chemise qui pendouillaient toujours dans son dos. Il n'avait rien du professeur distrait. Il pouvait, d'un seul coup d'œil d'aigle, me percer à jour, moi et mes pensées du moment. En classe, il s'adressait au tableau noir plutôt qu'à ses étudiants, comme s'il entretenait une conversation intime avec quelque créature mythique vivant dans un monde surgi de ses équations et de ses graphiques. Je savais que cette forme d'enseignement était contestable, mais elle communiquait la passion de toute une vie vouée à la recherche. Je me demandais si je saurais, moi, préserver ma ferveur scientifique, l'empêcher de se diluer et de s'éparpiller au cours des vingt années qui me séparaient de l'âge du professeur Turgot.

Concentré sur son domaine, il savait aussi reconnaître humblement les limites de son savoir. Il avouait parfois les bévues qu'il avait commises, une erreur de calcul, une disposition fautive de la cible dans le cyclotron. Nos autres professeurs, sans exception ou presque, donnaient l'impression d'être arrivés à destination en suivant une trajectoire aussi pure que celle d'un rayon laser. Ils avaient une superbe assurance qui, j'en suis sûr, a inspiré beaucoup de leurs étudiants. Mais, tout dévot de la certitude que j'étais, je ne me sentais pas à l'aise pour faire de la recherche avec ce type d'hommes. Je savais que je commettais des erreurs, et un maître de thèse qui en faisait également pourrait me permettre d'obtenir mon diplôme avec dignité. Après son cours, Turgot, lourdement appuyé au mur et couvert de poussière de craie, me parlait parfois de sa femme. Très vite, il la désigna par son prénom, Dorothée, si bien que, lorsque je finis par la rencontrer à dîner, dans leur petite maison, j'eus le sentiment de déjà la connaître. Aucun des autres professeurs ne parlait jamais de son épouse. Je demandai à Turgot de diriger mes travaux. Il sourit largement et déclara que j'allais faire une thèse expérimentale.

Le laboratoire où je me mis au travail était une espèce d'énorme caverne qui évoquait un entrepôt plus qu'autre chose. La lumière du jour y entrait à flots par des vitrages situés à trois mètres de hauteur, comme dans un atelier d'artiste. Il y régnait toujours une drôle d'odeur, pas déplaisante, d'huile et de neige carbonique. Des récipients en fer-blanc pleins d'azote liquide reposaient sur le sol en béton. Quand on les ouvrait, ils émettaient un étonnant sifflement tandis que le liquide bouillonnait, s'évaporait, s'échappait en épais nuages opalescents. Contre trois des murs s'alignaient, sur une trentaine de mètres, des paillasses de labo et des établis, des oscilloscopes, des boîtes de condensateurs et de résistances, des pièces détachées, des tuyaux de caoutchouc, des compteurs Geiger, des carnets où des colonnes de chiffres notés d'une main soigneuse rendaient compte des durées de vie radioactive. Il y avait toujours quelque roman de Proust ou de Gide traînant sur un établi. Dorothée, la femme de Turgot, était versée dans la littérature française. J'aime à penser qu'elle rendait visite au labo certains soirs pour tenir compagnie à son mari lorsqu'il travaillait tard.

Dans un coin, un robinet de douche sortait du mur. Cette installation rustique était prévue pour le cas où quelqu'un toucherait accidentellement une substance radioactive et devrait d'urgence se déshabiller et se laver pour se décontaminer. Je notai la présence de cette douche avec un intérêt tout particulier quand je réalisai que j'aurais quotidiennement affaire à des atomes radioactifs. Mon projet consistait à construire un appareil capable de mesurer la désintégration radioactive des états instables du neptunium. Découvert en 1940, le neptunium a été le premier élément chimique produit artificiellement. Etant donné que son nombre atomique, 93, suit immédiatement celui de l'uranium, 92, on l'a baptisé d'après Neptune, la planète juste au-delà d'Uranus. (Le plutonium, dont le nombre atomique est de 94, a été nommé d'après Pluton.) L'idée de ma thèse, telle qu'elle s'était progressivement définie au cours de discussions avec Turgot, était de créer du neptunium en état d'excitation en bombardant une cible d'uranium dans le cyclotron. En traversant mon appareil, les fragments en voie de désintégration expulsés par les noyaux de neptunium feraient scintiller un gaz, et ces scintillations seraient détectées par plusieurs tubes électroniques photomultiplicateurs. En mesurant soigneusement la vitesse à laquelle les noyaux de neptunium se fragmentaient, nous pourrions en apprendre davantage sur le bouillonnement des forces antagonistes à l'intérieur de l'atome.

Tandis que j'avançais à tâtons, spécifiant par écrit les caractéristiques des composants à fabriquer en atelier et reprenant mes feuilles de spécifications quand ces composants s'avéraient inadaptés, je fus aidé par Dave, l'assistant de Turgot. Dave était irremplaçable. Il considérait les étudiants comme « de foutus communistes », méprisait les manifs de barbus, mais se dévouait sans compter pour le professeur Turgot et ses disciples. Et il était seul capable de dompter la pompe à vide. Une pompe à vide, quand elle fonctionne convenablement, démarre avec un son rugueux, grinçant, qui évoque le halètement d'une locomotive, avant d'enchaîner sur un cliquetis plaintif, de plus en plus aigu et de conclure dans un ronflement doux et paisible quand la pression a été suffisamment abaissée. S'il y a une fuite dans le système, la pompe s'en tient au halètement rauque du démarrage. Dans de nombreux cas, j'étais obligé de pomper tout l'air de mes enchevêtrements de fils de cuivre et de mes maillages de Mylar, pour descendre jusqu'à un milliardième d'atmosphère. Après avoir appliqué sur tous les joints douteux de l'adhésif époxy et du Glyptal, nous mettions en route la pompe à vide. Dave la comprenait, comme il comprenait presque tous les objets à l'intérieur du labo. Sa compréhension s'étendait même au-delà. Je crois qu'il entretenait une liaison romantique avec la femme qui livrait les petites fournitures du labo. Après sa livraison hebdomadaire, elle restait plantée dehors, face à une fenêtre, à le regarder tristement, langoureusement.

Cet hiver-là, Dave et moi avons souvent été les seuls occupants du lieu, moi perplexe devant les courbes de réponse des tubes photomultiplicateurs, lui tranquillement occupé à réparer quelque truc détraqué. De temps en temps, je devais m'interrompre pour aller me réchauffer près du radiateur électrique. Dehors, la neige étendait sur la terre son vaste silence blanc. C'est alors que j'entendais grincer, crisser, lointain d'abord, puis gagnant en volume, le bruit des bottes en caoutchouc du professeur Turgot suivant le sentier enneigé qui allait de son bureau au labo pour voir où en étaient ses protégés.

Mon appareil passa avec succès tous les tests préliminaires, mais je ne fus jamais vraiment persuadé que l'expérience finale marcherait, et je n'ai pas l'impression que le professeur Turgot y croyait davantage. Quand le moment vint d'installer le dispositif dans le cyclotron, situé dans un autre bâtiment, je reçus un mystérieux message : le cyclotron ne serait disponible que plusieurs mois après mon examen. « Je vous écrirai pour vous tenir au courant des résultats », me dit gentiment Turgot. Il donna d'excellentes notes à mes innombrables dessins de profil et en vue plongeante, à mes calculs d'angles solides et de rendements. Il n'écrivit jamais et je ne posai jamais de question.

Un après-midi de printemps, peu après que Nixon ait donné l'ordre d'envahir le Cambodge, le département de physique tint une réunion extraordinaire. Tous les professeurs et les étudiants se pressaient dans une petite salle de classe pour discuter de l'attitude à adopter vis-à-vis des émeutes d'étudiants qui se déroulaient sur le campus. Devant le tableau noir où s'inscrivaient encore, restes d'un cours précédent, des équations tracées d'une main ferme, les membres du corps enseignant se levèrent les uns après les autres pour donner leur point de vue sur la guerre. La plupart y étaient farouchement opposés, mais pas tous. Il y eut des déclarations brèves et passionnées sur la nature de la démocratie, les droits des gouvernements, les buts de l'éducation, la responsabilité morale. J'avais du mal à reconnaître dans ces tribuns nos maîtres si pondérés. Le tumulte des combats emplit la petite salle. J'avais besoin d'air. On en vint aux questions pratiques. Qu'allait faire le département de ceux de ses étudiants qui ne suivaient plus leurs cours ? Finalement, le corps enseignant décida d'exempter les étudiants en quatrième année de leur examen final et, dans certains cas, de leur thèse.

Je sortis de là en titubant. Dans mon esprit ravagé par le désordre et le vertige, le hasard l'avait emporté. Le monde était un méli-mélo d'égarements, d'incohérences, de miroirs inclinés à des angles incongrus. La certitude : une imposture. Et pour moi, à ce moment de ma vie, il y avait, soit la certitude, soit le hasard. Rien entre les deux.

J'appelai Andrew, un de mes anciens compagnons de chambrée en première année et, comme moi, un garçon paisible. Nous partîmes jusqu'au lac, à moins de deux kilomètres, pour naviguer un peu. On était début mai. La brise était si faible que nous finîmes par amener les voiles et nous laisser dériver, somnolents, dans la chaleur lourde. Nous nous étions mis torse nu. Nous nous retrouvâmes bientôt longeant une des rives, glissant sous des saules dont les branches tombantes descendaient jusqu'à notre pont et nous chatouillaient la figure de leurs douces feuilles argentées. Enfin, le mât se prit dans une grosse branche, le bateau s'immobilisa tout à fait, et nous restâmes là, profitant de l'ombre. En me redressant – j'avais été pratiquement à plat ventre – je vis que notre voilier était environné de nénuphars, flottant jusqu'aux abords du rivage. Certains d'entre eux commençaient à ouvrir leurs fleurs blanches, sensuelles, avec une touche de pourpre au centre. Nous restâmes sans bouger pendant des heures.

Et, pendant ce temps, des incidents avaient lieu tout autour. Un oiseau se posa sans raison dans un arbre proche et se mit à chanter, puis s'envola tout aussi inopinément. Des brindilles craquèrent. Des nuages changèrent de forme. Des herbes frémirent au passage d'animaux invisibles. La terre bougea imperceptiblement sur son axe tandis que des débris cosmiques la bombardaient au hasard depuis l'espace. Un de ces météorites, des milliards d'années auparavant, avait frappé la planète avec une violence exceptionnelle et l'avait fait basculer, provoquant une inclinaison de 23 degrés, produisant un réchauffement inégal pendant qu'elle décrit son orbite autour du soleil, créant les saisons. Un bout de papier froissé, collé à un bout de bois, dérivait lentement sur l'eau. On y devinait des signes d'écriture, estompés, illisibles. Une feuille d'agenda, peut-être, ou peut-être une lettre d'amour.

TABLE DES MATIÈRES

CET OUVRAGE
A ÉTÉ ACHEVÉ D'IMPRIMER
SUR ROTO-PAGE
PAR L'IMPRIMERIE FLOCH À MAYENNE
EN SEPTEMBRE 1997

D.L. SEPTEMBRE 1997. N° D'IMP. 42163.
ISBN 2-7158-1147-0
919-957-2
Imprimé en France